家風

遗失的优秀传统文化

曾仕强 著

SPM
南方出版传媒
广东经济出版社
·广州·

图书在版编目（CIP）数据

家风：遗失的优秀传统文化 / 曾仕强著. —广州：广东经济出版社，2017.8
ISBN 978-7-5454-5620-2

Ⅰ.①家…　Ⅱ.①曾…　Ⅲ.①家庭道德—中国　Ⅳ.①B823.1

中国版本图书馆CIP数据核字（2017）第170536号

出 版 人：姚丹林
责任编辑：甘雪峰　易　伦
责任技编：许伟斌
装帧设计：柏拉图

家风：遗失的优秀传统文化
JIAFENG YISHI DE YOUXIU CHUANTONG WENHUA

出版发行	广东经济出版社（广州市环市东路水荫路11号11~12楼）
经销	全国新华书店
印刷	北京联兴盛业印刷股份有限公司（北京市大兴区春林大街16号）
开本	710毫米×1000毫米　1/16
印张	17.5
字数	165 000
版次	2017年8月第1版
印次	2018年5月第4次
书号	ISBN 978-7-5454-5620-2
定价	49.80元

如发现印装质量问题，影响阅读，请与承印厂联系调换。
广东经济出版社常年法律顾问：何剑桥律师

家风：遗失的优秀传统文化

目录 /CONTENTS

家风是中华文化的传承

中国家风的特色

如何重建中国家风

家风里的孝道传承

伍

家风里的婚恋观

陆

家风里的金钱观

家风里习惯和生活技能的培养

家风中对祖先的态度

玖

终极问题：人活着为了什么

导言

家国同源

|中华是什么|

中国人最了不起的是什么？两个字——反省。我们是最会反省的民族，我们把一件事做完了，就要反省一下：我这样做对不对？我有没有说错话？我有没有得罪人？我要怎么样去补救？……这就叫中华文化。我们不断地反省，不断地调整，不断地向前走，但是永远不离谱。

适时而变是非常重要的，但是现在要注意了，乱变的结果是失去自己，一不小心就变成外国人了。我举个例子：人家听完你的演讲说："哎呀，你真会讲，讲得真好……"你怎么回答？现在很多年轻人都说："谢谢你，谢谢你。"那他就是美国人了。中国人听到"谢谢你"，心里都很好笑：谢谢我？我是给你一点面子，夸奖你一下，你以为是真的？日本人也不会讲"谢谢你"，你夸奖一个日本人，他只会说："请多多指教。"那是典型的日本人。中国人的回答是："哪里哪里……"这才是中国人。

中华民族每隔一段时间，都会有个大反省，然后经过一个大调整，我们的文化才能够日新又新。可是这个日新不是新旧的新。很多人一听到新，就想到新旧的新，那是很大的误解。我们这次就是要来破解大家心中的疑惑和偏见，否则再这样走下去，吃亏的只能是我们自己，这真的是很冤枉。中国人被冤枉的时候，会有什么感觉？西方人被冤枉的时候，会感觉对不起自己。中国人不会，中国人感觉到冤枉，会觉得自己愧对祖先。我们认为是愧对祖先的，不说对不起自己，这才是一个中国人应有的原始的基本心态。

几千年来，我们扭曲、误解了自己的文化，搞到最后真的是乱七八糟，所以，我们要建立真正可以在未来得到全世界认同的中华文化。在我讲这句话的时候，我很感谢一位日本教授，那位日本教授跟我吃饭的时候讲了一些话，令我铭记在心。

他说："曾教授，全世界有资格讲文化的，其实就是你们中国人而已。"我说："你太客气了，哪一个民族没有文化？"他说："不是的，尤其是欧美，他们只有文明，没有文化。"我说："文明跟文化有什么不同？"他说："文明就是人家很欣赏你，人家很羡慕你，但是人家不会学你。"我说："可是你看，多数国家都在学欧美啊！"他说："学的结果是不长命！"他马上举例子给我听："你看看，菲律宾是亚洲第一个最热心学美国的，现在怎么样？印度是亚洲第一个最热心学英国的，现在怎么样？"我说："谢谢你的提醒，我们中国人永远会走中国人自己的路子。"

他说："这还不算，你们有资格叫作'华'，就是因为你们每几百年就会有一次跨越式的发展，使得全世界对你们刮目相看，都想派人去学习。"

一个人当经理，你去恭喜他："恭贺你升官，当经理了！"他说："哎，这个是去年就请我，我真的不想当啊，今年不晓得怎么样，推不掉才去当的。"这就是中国人。如果他说："是啊，我三年前就有计划了，现在终于如愿以偿了！"这就是美国人。如果他说："没有办法，轮来轮去，轮到我了。"这是日本人。

一个人，你听他讲话，就知道他是什么人，因为文化是会在人的言行中表现出来的。但是我们现在乱套了。所以我们要慢慢地找回我们自己的路。怎么找？很简单，问你自己就好了，不必问别人。你听了这句话，心里舒服吗？你听了这种话，你做得出来吗？会自然吗？你听了这些话，会思考这个值得自己照这样去做吗？如果你觉得会，那就好了，否则的话，我们真的白学了。

我举个很简单的例子，我们现在都开始教小孩要谢谢爸爸，谢谢妈妈，他将来就是欧美人，哪里是中国人？我从小到大没有谢过我父母一次，我会谢阿姨，我会谢谢王先生，我会谢谢老板，我什么人都可以谢，我从来没有谢过我父母，为什么？因为大恩不言谢，父母的恩情是一辈子还不了的，你怎么可以说"谢谢"？人家帮你一个忙，你说声"谢谢"，就是没有事了，放下了，才叫谢谢。今天谢爸爸，明天谢妈妈，长大没有你们的事，也没有我的事，你是你，我是我，美国人就是这样。大恩是不言谢的，只有小恩小惠才可以谢。

中国人只争大是非，不争小是非，所以大事要很清楚，小事要含糊一点，装糊涂一点，不是很愉快吗？那么精明干什么？现在很多人都是不论巨细，没有大小，什么都算得很清楚，很明白，这是令我很费解也是很忧心的地方。往往一个人做错了，他自己已经知道了，他会很惭愧，他会想办法弥补，你一骂他，他就觉得你已经骂过了，自己对你没有亏欠了，然后同样的错误就会再来一次。我们现在的教育，都在教小孩变成外国人，那他们长大之后，怎么会有中华文化的素养呢？

|中华民族是一个大家庭|

我们常常说，我们都是黄帝的子孙。可是，如果你问今天的年轻人，你为什么是黄帝的子孙，他会怎么回答？遇见那种比较坦白的人，他会告诉你，我不知道，反正书本上是这样写的。书本上写的你就要相信吗？还有些五六十岁的人更“妙”，他们竟然会告诉你，有没有黄帝这个人我都很怀疑。

黄帝为什么是我们共同的祖先？用“共同”这两个字，就表示我们不是他生的。如果是他生的，能够用“共同的祖先”吗？黄帝不可能生十三亿人啊。可见，我们是黄帝的子孙，并不代表我们血统相同，也不代表我们语言、文字、风俗、习惯相同。

如果你认同中华文化，你就是黄帝的子孙；如果你不认同，那你就不是黄帝的子孙。我们以前用两个名词来代表这两种人：

一种叫华夏，一种叫夷狄。没有歧视的意思，只是区别而已。我们也没有要求你一定要认同中华文化，只是说如果你认同的话，你就是华夏的同胞，不管你是什么血统，不管你说什么语言，不管你的风俗习惯是什么，更不管你是什么国籍。所以，我们可以讲“四海之内皆兄弟也”，全世界都有中国人。这不夸张，也不勉强。因此，我们做任何事情，一定要先有个清楚的认识，这样才有办法去选择、分辨，才会在心里有所感应。

我们中华民族从很早以前，就打破了属地主义和属人主义。你是在哪里出生的？你爸爸是哪里人？我们都不作为依据。我们采用的是最先进的观念——文化认同。如果你认为自己是中国人，那就必须要认同中华文化。我想这是不能改变的。

中国人的标准是什么？不是居住区域，不是头发、皮肤的颜色，而是文化的认同。有许多华侨虽然移居海外多年，却仍然保留着对中国文化的认同，仍然自称是中国人。但是，为什么也有一些人认为，中国文化是落后的，西方文化更先进呢？

现在有很多人，特别是那些自认为很有钱的人，他们把自己的家布置得跟西方的家庭一样，把自己的子女教育得跟西方人一样。尤其在结婚的时候，结婚照拍出来，如果不是彩色的，你根本看不出他是中国人。当然，中国近400年来很不争气，让我们的民族自信心十分低落，但是也不至于低落到这个地步吧。

我们生为中国人，死为中国鬼。这一点我们不应该忘记。不能因为我们有钱了，心里就没有祖国了。外国人讲“商人无祖国”，那是他们的事情。我们不管你是士农工商，不管你在什么职位，都是有祖国的。

有人说，我们不是要世界大同吗？当然要世界大同，但世界大同不能没有国家。其实我们今天心平气和地研究一下就会发现：我们中国人就是太早有了世界观念，所以我们的国家观念才会很淡薄。大家不要相信一些人说的，我们太过民主或情绪太高涨，不是那样的。我们现在最需要的就是为中华文化尽一分力量，我们要珍惜中华文化，这是祖先留给我们的宝贵财富。

|空、无、多、有|

中华文化可以用四个字来概括：空、无、多、有。他什么都没有，但又什么都有。

这种话现在年轻人是听不太懂的。你看我穿的这件衣服，是不是中国特有的服装？我告诉你，不是。中国五千年发展到现在，没有一套真正是中国自己特有的衣服。你是不是觉得很可怜？不可怜。因为我们不在乎这些。我们有什么穿什么，爱穿什么就穿什么。但是你穿出来，就代表你的形象，代表你的价值，那就是自我制衡。奇装异服别人可以穿，我不能穿。那种事情别人可以做，我不行。我只能管我，我不能管别人。所以当我穿西装的时候，我穿得很自然。我没有说我穿外国人衣服。我也没有觉得穿西装比较神气，穿西装有什么神气的？搞了一套领带像吊死鬼一样的，有什么好神气的？但我照样穿。因为中国人不重视这些有形的东西，他根本不重视。中国人知道，有形的东西是有限的生命。它迟早是等于零的。

你看现在的高楼大厦，想要毁掉，那是一瞬间的事儿。中国人知道只有无形的东西才是延绵不断、长长久久的。所以，你看我们重视什么？立德、立功、立言。听起来好像立德最难，其实立德最容易。因为你要立功没有机会，你怎么立功？立什么功？你文笔很好，人家不看你的文章；你口才很好，人家不让你上台；你能力很棒，人家不让你出头；你很有魄力，人家把头一摆不甩你。只要你没有机会，你就不可能立功。那不是你所能控制的。立言更难，你看一年到头，出多少书？百分之九十九点九的书，最后都是废纸。根本就没人看，翻一翻就丢掉了。

只有立德听起来最难，实际上最容易做到。我好好孝敬父母，我真心对待朋友，我认真做事。人家看我这个样子，自然会模仿。甚至要不要模仿也是别人的事，他要做到什么程度也是他的事。但我自己绝对不居功。

作为一个中国人，你一定先要了解中国。不了解中国，你怎么做人？中国人的好坏观念是很主观的。一句话说明白了：你用得好就是好，用得不好就是不好。是你的问题，不是我的问题。我们现在最糟糕的就是从小对对错、好坏、善恶没有一定的标准，然后一辈子晕头转向。这都是老师不负责任的教育造成的，可是老师不负责任，那有什么办法？

你看同样一部《三国演义》，有人不是讲《三国演义》，而是在讲什么？他改一个字而已，叫“三国演‘利’”。只要义不见了，你就不是中国人了。这部书是讲一个“义”而已，他没有讲对错。你看人们都说：中国人很重视历史，中国人为什么重视历史？重视历史你就应该去读《三国志》，但我情愿看《三国演义》，你从这里去了解中国人，才是真实的。

中国人重视历史意识，而不是重视历史。很多人是不管什么顺治还是道光的，你看历史上的道光皇帝，现在根本没有几个人能记得他，他又不是你的亲戚，你记住他干吗？中国人重视历史意识，并从中汲取营养。我觉得这些很自然，只有这样，我们才会努力，我们才会争气。就算到处受打压，你也会持久，然后你才能站出来。大家不忍心把你毁掉，因为好不容易才站起来一个。你看我们五千年的历史好不容易出了孔子、孟子、老子。没有几个，那是好不容易才出来的。你把他打掉，中国就完全没有文化了。中国人是不服气的民族，这没有什么不好。你要想办法去实现这种民族性，而不是否定它。因为否定不了。

|道政合一|

假若你认同中华文化，你认同里面的什么东西？其实这说起来是非常简单的。从黄帝开始，我们就没有断过。黄帝是被推举出来的，不是选举，他是被推举成为当时天下的共主的。他被推举出来以后，就感觉自己身上的责任很重大，于是他想：我要把这个天下治理好。可是怎么才能治理好呢？唯一的办法就是遍访名师，他要找到老师给他指点。于是，他找了好几十位老师，可没有一个令他满意的。最后他找到了广成子，广成子告诉他，你要把天下治理好，按照四个字去做就行了。这四个字最后成为我们中华民族，我们这个华夏大家庭共同的核心价值，叫作“道政合一”。

我们没有宗教，我们只有“道”，道跟政治是合一的。道是什么？道有可以说的，有不能说的，有很难说的，它很复杂。可是我们现在不要讲得那么复杂，我们用三个字来代表它就可以了，叫“凭良心”。任何一个人，只要凭良心，那个道就出现了。道永远在我们心中，只是我们不去注意它而已。

什么叫作政？政用现在的话说就是政治。为什么政治那么重要？中华民族永远是政治挂帅的。因为只要你政治亲民，其他事情都很好办；只要政治一腐败，其他事情都跟着倒霉。这条规律自古以来都被证明得很清楚，我们不必避讳。政治是什么？政治就是为人民服务。有些人认为那是当官的事情。那是清朝以前。清朝以后，我们各行各业就都是衙门了。其实，公司一大就容易衙门化。有时候小老板也很官僚。这不是什么坏事情，我们就是让每一个人，只要愿意，都可以为人民服务。而实际上，不管你从事什么行业，都必须为人民服务。所以，不要再分什么制造业、服务业，这种划分是没有意义的。任何一种行业发展到最后，一定是进入服务业，非服务不可。

道政合一，用现在的话来讲，就是凭良心为人民服务。各位想想看，如果每一个人，在不同的行业，在不同的职位，都有颗共同的心，那就是真正地凭良心来为社会人群服务。如果这样，还会有黑心食品吗？会有有公害的东西吗？会有环境污染吗？社会秩序会混乱吗？有些人会无缘无故地跑出去，搞得人家都不安宁吗？应该不会吧。道政合一比法律的效力要大得多。我们现在是有法律，可是全世界都动乱不安。

因此，我们每一个家庭，都要把我们的核心价值放在这里，爸爸妈妈要做孩子的榜样，无私地奉献，全心全意为自己的家人，为邻居，然后为外面的人。孩子从小眼睛所看到的，耳朵所听到的，都是道政合一，虽然他不懂这四个字的含义，但是那些点点滴滴，他都能感觉得出来。那长大以后，你还会对他不放心吗？他会为非作歹吗？他会在社会上变成捣乱分子吗？不会的。

中国传统文化提倡：修身，齐家，治国，平天下。无论你有多么远大的理想，你都要从自身做起，从一个家庭做起。所以家庭，是一个人发展的基础。那么，中国传统的家庭教育，是如何体现中华文化特色的呢？

人人想做都可以做，这是中华文化最大的特色，比如，你想做尧，你就可以做尧；你想做舜，你就可以做舜；你想做孔子，你就可以做孔子；你想做老子，你就可以做老子；你想成佛，你就可以成佛。西方人没有这种机会。西方人的上帝永远是上帝，人再努力，一辈子也成不了上帝。所以，我所讲的都是你可以做的，没有一个是需要超越的，你拿这个做基础，然后再慢慢地往上发展，就成为中华大道。

中华大道听起来好像很复杂，实际上也就几个基本观念而已。第一，仁治。这个“仁”是仁爱的意思。第二，理治。“理”是道理的意思。第三，圆通。不是圆滑。可是大多数人一听到圆通，就会想到圆滑，这是长期以来的一种病态的想法。我们要坚持，但是不能固执；我们要妥当，但绝不能欺骗。若能把这几个观念让孩子从小不停地耳濡目染，就已经很好了，讲那么多大道理干吗呢？背那么多教条干吗呢？

我们所要做的就是内方外圆。里面一定要有原则。我们家的人就是不能做这种事情，你再怎么样威胁、利诱，我们都不为所动。但是外面有很多人，他们跟我们的想法不一定一样，所以我们要表现得圆通一点儿。圆通是什么意思？圆通就是我会慢慢地跟你磨合，而不是理直气壮地告诉你：这样不可以，我的家人就是跟你不一样。因为这样说的结果是不好的，人家是不会买你的账的。所以，我们要做的就是将这些圣贤给我们的真本事，在家里一层一层地提升。家长不要对孩子要求太高，慢慢地让他去感受，随着年龄的增长，他就会不断地提高自身的层次，就会很乐意做这家人，他出去后就会因是这家人而自豪。千万记住，我们只讲自豪，从来不讲自傲。

我们现在很不幸，我们都在说“我们以你为傲（We are proud of you)”。这种话不是中国话，是西方话。西方人可以“proud（骄傲）”，但中国人绝对不可以“proud（骄傲）”。

“我们以你为傲”，这种话是不能讲的，因为骄者必败。我们中国人可以自豪，但绝对不能骄傲。

大家可以看到，我们国家有些运动员，得了奖就很得意。你是一名运动员，你的职责就是如此，为什么赢了个比赛就这样了呢？那就是没有素养，那就是家风不好。所以，一出去就丢脸。有这个必要吗？你谦虚一点儿，人家还佩服你。甚至还有个别运动员，一赢得比赛，就把赛场的东西给破坏掉，使得主办方收回奖杯作为惩罚。这样的行为丢自己的脸，丢父母的脸，丢中华民族的脸！

可见，家风不是说你想要就随时可以有的，如果从小没有打好基础，长大后你是控制不了自己的言行的。现在社会上很多怪现象的主人公，都是在小时候，家长没有给他们奠定守规矩的基础，才造成他们今天动不动就骂人，动不动就出手打人。最后都是父母蒙羞。尤其今天网络这么发达，大家随时都可以把你的行为发到网络上，又有很多人对此感兴趣，于是关注数一下就可以达到几十万。在这种时代背景下，我们更需要好好去体会家风的重要性。

|东西方道德观念的差异|

在导论的最后，我们还需要讨论一下东西方道德观念的差异。为什么要讲这个问题？因为现在年轻人受西方文化影响太深了，反而对自己的文化不够重视。这样肯定是不可以的。所谓知己知彼，我们一定要搞清楚东西方文化之间的差异，这样才好在很多问题上站好立场，摆明态度，有所取舍。

西方人服从法律，我们是效仿先贤。我们没有叫你服从法律，当然也没有叫你不服从法律。我们只是认为，只要在中国稍微有些社会经验的人都知道，法律是不够用的，法律管不了中国人，因为中国人是最守法的，他从来不违法，他只是喜欢动脑筋，做法律没有规定的事情。这就够你忙的了。所以，我们今天讲创新，这是非常麻烦的事情。创新只能在局部进行，你在科技产品上面凭良心去创新，这个没有任何人会反对，但如果在整个社会讲创新，就会有人钻法律的漏洞。人家外国人钻法律漏洞，只是在边缘钻，中国人是跑到外面，然后再进来，再跑出去，历来是这样，这已经融入我们的血液了。

法律一定要有弹性，法律没有弹性谁都不敢执行。可法律一有弹性，问题就来了。所以打官司最怕碰到年轻的法官。如果碰到年纪大的法官，他知道以前判错了好多人，这次就从宽了。可遇到没有经验的法官，他就会跟你谈法律怎么样，那就糟糕了。

西方人是唯理是从，我们是唯道是从。理你怎么讲？公说公有理，婆说婆有理，永远有道理。比如，西方人听到一句话会根据这句话来判断是非，中国人没人敢。中国人听到一句话，先问谁说的，我们是根据谁说的来判断它的是非，否则你在中国社会如何生存？你不知道是谁说的怎么敢下定论？根本没有什么对与不对的问题，这已经是文化基因了，是民族心，是我们的生存之道，也是我们基本的生活技能。但是长期以来却被我们否定了，然后总是生活在幻想当中，一直骂中国人，这有什么好骂的?

很多在国外有成就的中国人讲，我是到国外才有的成就。你在国外才有的成就？一句话讲完了，骗中国人比较难骗，骗外国人比较容易骗。你有本事回来骗自己人，试试看？人要了解自己，不要欺骗自己。你在国外，再怎么样，真的都过不了三代。在国外，比如你问你的儿子礼拜天要不要回来，大家团聚一下，吃吃饭，他怎么回答你？他跟你说“maybe”。你听了会怎么样？你不气死了？ maybe，谁跟你 maybe？跟外国人才是 maybe。在国外，你再有权势也维持不了三代，因为你已经丧失掉你的一些基本原则了。

所以，我今天非常明确地讲一句话：生活方式可以改变，生活法则绝对不能有丝毫的改变。生活法则是经，经是不能改的，叫经常。生活方式是不得已的，比如你到国外就得用刀叉。我们现在用刀叉，没有几个人是真会用的。西方人的叉子就是处理食物的一个平台，不是让你叉东西吃的。可我们都是用叉子来叉东西吃。如果你不了解这些，就不要说自己很了解西方人。你才去过几次?

西方人是个人本位，所以很多人就说，西方人是个人主义，我们是集体主义。中国人为什么是集体主义？日本人才是集体主义，西方人是个人主义，我们是看着办主义。我们一切都是看着办主义，该团结我们必须团结，该个人我们必须个人，这个叫作交互主义，因为我们受《易经》的影响非常之大。

西方人重视权利，我们今天也常常跟着说：不要忘记你的权利；不要让你的权利睡着了；人民有知情的权利……其实自己都不知道自己在说什么。中国人重视的不是权利。你有权利又怎么样？空的。我们讲权，下面一定要加上个限，所有的权都是有限的。在中国当老板最简单，该你做的事他偏不让你做，怎么样？他不让你做，就让别人做，你有什么办法？你的权限他整个剥光，一夜之间剥光，把你架空，你能依法告他？才怪呢。等到哪一天你到了他那个位置，你也会跟他一样。

我在英国的时候，发现有很多台商在那里，都当了小老板，而这些人我以前都认识，因为他们是我在台湾的一家大公司的同事。他们出去以后都独立了，自己当老板了，所以我就问他们，我说你们怎么派出来一个就自己搞公司，然后把东家都忘记了？他们怎么说？他们说我们当干部的时候，总觉得老板太小气，胸怀不够，不会用人，所以我们一有机会，就自己干了，自己当老板。他们说，因为你是熟人，我们才跟你讲真话，这话我们跟别人都不能讲，我们觉得我们现在越来越像他了。我说没有错啊，你们不像他就活不了。

所以，像这种事情，就是你没有将心比心。西方人是固定的，因为他依法，你是高阶就是高阶，你是中层就是中层，他是很清楚的。中国人哪里会这样？中国人开会通知你，你就是高阶；开会不通知你，你就不是高阶。中国人开会通知是算数的。

我们重视的是责任。把这个搞清楚，你就能够按照中国人的方法去走。中国的小孩儿到了 18 岁说我要独立，因为外国人都独立，我也要独立，爸妈你们不要管我了，可大早晨却管爸妈要钱。外国家庭是连钱都不给的，你有本事就一切独立！这都是事实。如果父母不给你钱，你还独立得起来？反正我不相信。你连学费都交不起。外国孩子能独立是因为认识贷款机构。我的孩子到美国读书的时候，是我带他去的。我去银行开户的时候他们就问我你要干吗，我说我替我的孩子开户，他问我要借多少钱，我说我不借钱，他说你不借钱开户干什么，我说我存款给他，他说他读书可以向政府贷款、申请奖学金，还要你管吗？我们老是学人家对自己有利的部分，自己应该尽的责任却装作不知道。

所以，对中华文化的认同，具体到个人如何做，家庭如何做，我们都应该好好思考，想清楚了才行。

壹

家风是中华文化的传承

家风是软实力

中华文明，是世界四大古文明中，唯一传承至今的古文明。几千年来，中华文明是以家庭为背景，以代代相传的方式，传承下来的。所以，在中国传统文化中，家风是非常重要的。

我们非常清楚，家庭，而不是个人，才是社会最小的单位。在西方社会，个人是社会人群最小的单位。问题就出在这里。中国人的小孩出去闯荡，是代表这一家人的。所以，我在外时就会时时刻刻记着，我是曾家的人，我不能丢曾家的脸。不管你走到哪里，都是一样。

只要每个家庭都健全，这个社会就不可能不健全；只要每个家庭都健全，这个国家就不可能不健全。所以齐家治国就是这么来的。每一个人无论如何，都要先把自己的家庭管理好。为什么？因为我们的家是无限责任的，不像美国人的家是有限责任的。什么叫有限责任？就是这个小孩子长到 18 岁以后，父母就没有责任了。你要读书，就自己去贷款；你要工作，就自己去找。你要干什么，不要问父母，由你自己决定。因为你已经长大了，你应该独立。

我们中国人，再怎么忙，逢年过节再怎么挤，都要回家过年。所以很多老外问我：过年那么重要吗？打个电话就好了。他们完全不了解我们在外拼死拼活，就是为了春节那几天短暂的团聚。不然为什么？你看我们每年的春运，那是全世界叹为观止的。难道我们不知道回家的辛苦吗？手上拎着大包小包，挤了汽车挤火车。但你空手回家行吗？不行。再怎么样也要给父母亲人带份礼物吧。千山万水，不辞劳苦，就为了短短的几天。

在外国人眼里，我们的行为奇笨无比。他们会想：你干脆把车钱寄回去，给你老爸、老妈用就好了。可是他们不知道，我们的爸爸妈妈不在乎这个钱，因为他们觉得钱不能代表什么。

在一个中国人的文化意识里，家庭所占的位置非常重要。所以，我们非常注重家庭的氛围，注重家风，注重家风的传承。但是在现代社会中，家庭观念渐渐淡泊，家风似乎也被人们遗忘了。

到底什么叫作家风？家风用现在的话来讲，叫作软实力。可见，中国人对于看不见的东西格外重视。家风就是一个家庭，一个家族，不断传承下来的那种很难用语言说得清楚的东西，可以说是一种风气。

我们经常说要门当户对，但是我们常常理解错了，以为只要两家财富及社会地位相当，都有多大的官，都有多少钱，就叫门当户对。其实不然。门当户对指的是两家的家风很接近。因为我们的错误认知，常常使得我们对以前的一些传统的东西很怀疑。

这些东西是不是过时了？是不是有点儿迂腐？是不是现在不管用了？这一点是我们要特别小心的。家风中的这个家，是全世界每一个人都有的。但是每一个人想到家，所想到的东西都是不一样的。就好像现在的人一想到汽车，脑子里所浮现出来的汽车款型几乎都是不一样的。

西方人的家，只是孩子们 18 岁以前所依托的一个成长的场所。孩子在 18 岁以后离开家，从此跟家人的关系会发生很大的改变。我们中国人完全不是这样的，我们的家是一辈子的，我们跟家人的关系一辈子都不会改变。于是很多外国人说，中国人永远长不大。我们本来就不需要长大。只要有父母在，无论我们的年龄有多大，在父母眼里，我们永远都是孩子。这是《易经》给我们的一个很重要的启示。

我们认为，社会人群最小的单位是家庭，而不是西方人所说的个人。所以，孩子在外面说错话，做错事，我们不会骂他，我们只骂他的父母。很多人对此不以为然，不知道为何要这样？因为中国人对家庭的看法跟西方人是不一样的。孩子是谁教的？父母教的，我们不能把责任都推给老师，老师的责任是在孩子六岁以后，而且他所教的也只是知识而已。家庭是负责道德的，学校是负责知识的。所以，我们骂人，都骂“他妈的”。骂“他妈的”，就是说他妈妈的教养不好，才会有这样的小孩。

所以，我们又误会了“易子而教”。我们往往认为，“易子而教”

就是我家孩子我教不了，你去教吧。其实不是这样的。“易子而教”是指知识方面，而不是指道德方面。在道德方面。妈妈是孩子的第一个学习对象，其次就是爸爸。所以，父母跟孩子一辈子的道德成长，绝对是密不可分的。换言之，孩子在外面并不代表他个人，他代表的是他的家庭，甚至代表整个家族。所以，孩子在外面说错话，做错事，该骂的是父母。

这样，我们又会觉得，做父母好辛苦啊。的确是，所以在中华文化里面只有《孝经》，没有《慈经》。因为父母很辛苦，所以孩子不能随便去挑剔父母。你怎么能给我吃这么差劲的饭菜？你怎么能给我穿这么难看的衣服？你怎么这么穷？你怎么这么丑？不可以。现在很多人，动不动就批评人家是怎么当父母的，真是愧对圣贤。我希望大家可以真的正本清源，对我们中华文化做一个了解。

家风是传家宝

中国人经常很自豪地告诉别人，这是我们家的传家宝。传家宝是什么？多半是宝物，稀世珍宝，可是，类似那样的宝物是比不上家风的。我们也常常听到很多人说，这是我们家的宝贝。宝贝是什么？多半指的是很可爱的孩子，那是宝贝，但是那也不如家风。家风在中国社会，是至关重要的传家宝。中国人所求的，是长治久安。一个家庭如果一阵子好，一阵子坏，还要家风干什么？家风的风气很不容易形成，所以一旦形成，我们就要让它长长久久。这方面，也可以让我们突然间醒悟，为什么世界上所有的古文明，只有我们可以绵延不绝，这是跟家风有着密切关系的。

为什么说家风是传家宝，因为家风是一点一滴累积，一代一代传承下来的，不可能一蹴而就。我们有父子，有夫妇，有兄弟，有朋友，有君臣，难道其他国家没有吗？当然有，伦理是全世界都有的。那我们这些有什么稀奇呢？我们平常又说错了，我们的特色，不是伦理，而是伦常。古人以君臣、父子、夫妇、兄弟、朋友为“五伦”。伦，人伦，就是人与人之间的道德关系。孟子认为：父子之间有骨肉之亲，君臣之间有礼义之道，夫妻之间挚爱而又内外有别，老少之间有尊卑之序，朋友之间有诚信之德，这是处理人与人之间关系的道理和行为准则。

这个伦常，怎么让每一代人，每一个家里面的人，都合理地参与？我们在参与前面，特别加上两个字，叫“合理”。我们每一个人心里都要很清楚，你怎么样合理地参与，才能够使家庭有一个良好的风气。良好的风气，是值得我们世世代代小心翼翼地加以呵护，加以发扬光大的，这才叫家风。

那要怎么样才能做得到呢？这点也是西方人非常困惑的。西方人很重视道德，不是不重视。我们千万不要说中国人怎么样，搞得西方人不能接受，因为我们平常讲的都没有讲到能够让他们心悦诚服的地步，那样反而害了我们的祖先，害了我们的圣贤。

当然，我们讲过，全世界都有伦理，只不过我们有伦常，他们没有。全世界的人都重视道德，西方人把道德交给宗教，他们由上帝来管，我们不是，我们的道德是由家庭来负责。孩子的品德，在外面的言行表现，家长有逃不掉的责任，所以说，家长的责任重大。

因此，我们就想到，孔子有一句话，叫作“反求诸己”。任何事情，不怨天，不尤人。“怨天”是说你怨天，老天根本不理你；“尤人”是你把责任推给学校，推给社会，也无济于事。你必须要反求诸己。我们家出了什么问题？为什么家风这么差？你要不断地反思自己，家庭才有复兴的希望。

我研究中华文化几十年，发现必须要把家庭教育抓得很紧，非常严谨，一丝不苟，绝对没有什么好商量的。只有这样，良好的家风才会传下来。我们常说，儿孙自有儿孙福。可我们又把这句话曲解了，“儿孙自有儿孙福”是指什么？指儿孙将来要做什么，那是他的事儿，你不要去干预他。但是儿孙的福不福，你要替他奠定良好的基础。只要我们有心做到，就永远是充满了希望的。

我从事教育几十年，长期跟年轻人在一起。我知道现在的年轻人知道林肯的多，知道岳飞的少。我心里想，学校的老师都在教什么？林肯是了不起，但是我们民族也有了不起的人。宁愿让小孩知道外国的伟人，而不让小孩知道我们本国的伟人，这不是崇洋媚外吗？了解外国的历史跟了解本国的历史，哪个更重要？当然要先了解本国历史了。有多余的时间你再去了解外国。一个人，你住在山东，你对山东完全不关心，你对山东完全不了解，就算全世界你都了解，有什么用呢？

人的认知习惯总是由近及远。我对身边周遭的事情会格外的关心，因为它跟我的生活是息息相关的。我最想知道的，是我们社区的变化，而不是那些我从来没有到过，也不知道在什么地方的哪里发生了什么事情。因为那些地方跟我们实在没什么关系。我想这样分析应该是合理的。

如果我们老师总是教外国人的历史，最后我们中国的小孩一定会想变成外国人。现在，你随便问一个高中生：你想不想出国？

他一定说：想。现在你再怎么说外国不好，他也不会相信了。这是我们不恰当教育的结果。

同时，孩子的父母也要负有很大的责任。很多年轻的学生跟我讲：我从小的时候，我爸妈就跟我讲，做人比较要紧，学业成绩无所谓。你只要考及格就好，你要好好养成好习惯，这才对。其实他们这么说都是在骗我。我说：你怎么可以这样想呢？你怀疑你父母不对。他说：我没有怀疑。当他们吃饭的时候，一看电视，每当某个学生被名牌大学录取了，两个人就眉飞色舞。你看，李家的小孩考取清华了，真棒。他们那种眼神就在告诉我，你不考取就会让我们失望。我就知道，他平常讲的话都是骗人的。

可见，在一个家庭里，父母的言行举止要前后一致，不要前后矛盾，要知道，这对孩子的影响是非常大的。

家风是一家人的"气质"

一定要振兴家风。那么，如何振兴家风？我们这里提出三个观念，供大家参考。

第一，人生在世，不是为了争权夺利，不是为了权利义务，我们要善尽自己的责任。丈夫有丈夫的责任，妻子有妻子的责任，儿子有儿子的责任，女儿有女儿的责任。在共同努力之下，先给自己的家庭立个规矩，使邻居都非常欢迎我们。将来走出去，才能使每一个人都能够代表这个家庭，都可以做别人的榜样。若可以做到这些，我们就完全可以达到古圣先贤对我们后代子孙的期望。我们这一辈子，就非常荣幸，因为可以把古圣先贤的理想实现，这是我们每一个人都很想做到的事情。

我们今天最缺乏的就是信任。说明书不敢相信，保证书不敢相信……什么都不敢相信。大家应该知道，家风是值得信任的。我们中国人最喜欢打听。儿子交了个女朋友，做爸爸的一定想办法去打听女孩家怎么样。我们要升迁一个人当高阶层的干部，一定会派人去打听他们家给别人的观感怎么样。家风不容易作假，家风不容易欺骗，它实实在在地代表这一家人的“气质”。气是看不见的，质是看得见的。可见，我们做任何事情，都离不开一阴一阳，因为阴阳永远是不分的。

家风让我们真正地把中华文化落实在每一个家庭中，让每一个人真正地把它表现出来。我们家人之间因为有亲情，所以很容易说“你这样做不太好，你要改一改”。从种种事实，我们可以了解到，家真是一个最能够具体落实中华文化的单位。但我们不是不提倡个人的作用。大家不要看到这里就说“中国没有个人，好可怜”，不是这样的。我们是每一个人都在家里面做好培训，有家人全力支持，这样我们才可以很好地提升自己。

在中国，儿子在外面都说：我爸爸叫我来做什么事，我爸爸让我来向你报告什么事。我们很少说我怎么样，因为你说“我”，人家就不敢相信了。你这么说，那你家人有什么想法？所以现在很多人，在外面讲了半天话，等于零。每一个人在外，都代表一个家庭。所以，如果你一开始就说我怎么样，人家就会怀疑你这个人到底代表谁，是代表你自己，还是代表你的家庭？从而产生一种不信任感。

第二，中国人最大的美德是成全。我成全你，你成全我，只有家人才做得到，因为家人之间有密切的关系，有浓厚的亲情，所以我们要先从家人之间做起。我们把所有中华的美德，在我们的家里，不分老幼，不分男女，通通发扬出来，这样一家一家做起来，很快就能延伸到一个社区，然后延伸到一个省，最后，让良好的风气能够覆盖整个国家。

我们不要总是感慨："以前的理想的确是很好，只是做不到。"怎么会做不到呢？孔子说："仁乎远哉？我欲仁，斯仁至矣！"中国人所有的事情都是你想不想做而已，只要你想做，马上就可以做。我们要先记住自己的责任，再弘扬中华文化时就不会忘记。

第三，不要管别人，只管自己。我们不要管别人如何，只问自己要不要。你若要去做，就做，做了有没有成效，以后再说。因为这样的心情，其实是最没有阻碍的，也是最容易成功的。

从现在开始，大家要养成习惯，当你看到任何事物，当你遭遇到任何情况时，首先要做的一件事情，就是告诉自己：反求诸己。就是说任何事情要向内反省，不要老向外假求。我们现在受西方的影响，动不动就向外假求。而中国的传统文化教导我们，遇事要向内自省。如何向内？就是告诉自己：我刚生下来的时候，是一无所有的。所有的东西统统是身外之物。有也罢，没有也罢，都无所谓，不必那么紧张。因为最后两腿一伸，什么都没有了。"纵有千年铁门槛，终须一个土馒头"，我空空地来，空空地走。一个人怀有这样的心态就平和安详得多，做事情也就不会有太多的挂碍。如果一家人都是这样平和安详的心态，那么家庭里就没有什么困难是不能解决的。

家风祈求长安

中国有句俗话：三岁看大，六岁看老。家庭教育对一个人的影响，是非常重要的。

家风是一个家庭或者一个家族的风气，每个家庭或家族的家风都多多少少有点儿不一样。大家有没有注意到，我说这句话的时候，刻意避开“一样”或者“不一样”，只说“多多少少有点儿不一样”。这是关键。因为现在的人，要么说一样，要么就说不一样，其实，这都是不存在的。你要求每个家庭都一样，是做不到的，也没必要；你说每个家庭都不一样，那根本不可能，因为大部分家庭都是一样的。

我们今天动不动就说“社会是多元的”，其实对于这句话我们要格外小心。社会能多元到哪里去呢？你能不吃饭吗？你能不上班吗？多元离不开一元，一元离不开多元。换句话说，我们做的所有事情，其实用四个字就可以总结，叫作“大同小异”。所以，家风是大同小异的，而且同的地方比较多，不同的地方比较少。每一个家庭根据各自特殊的状况，做出一些调整，就成了每个家庭独有的家风。这是非常自然的现象。

中国人的家风里都会祈求“长安”。“安”是每一个人最基本的要求。西方人说“OK”，中国人说“安”，这个“安”就相当于西方人所讲的“OK”，意思是说你不要担心了，没有问题了，可以过得去了。我们平常所讲的话，比如“一路平安”“合家安好”“国泰民安”“平安是福”，几乎都离不开“安”字。我们写信给父母，最后也会写上“祝双亲大人安康”，也是要“安”。

安是我们最基本的、每一个人都离不开的要求。当你开始不安的时候，再有钱也没有用；当你开始不安的时候，会觉得到处都充满危险。所以，安，家家户户都离不开。

那什么是安呢？现在的中国人，其实都在学西方，见面就说“早安”“午安”“晚安”。那其实是西方人的习惯，中国人是不分早、中、晚的。中国人一天到晚都要安。我们总想把西方这些变成风气，到最后却发现，这些其实是行不通的，因为这些跟我们心理上的感觉是相抵触的。中国人不可以说“你好”，不可以说“我好”，只能说“大家好”。

“大家好”的意思是大家安好。因为我们要的是长长久久的安。这个“长”，可以是“长久”的“长”，也可以是“经常”的“常”，这两个字是同音。没有经常，怎么会长久呢？要长久怎么可以脱离经常？所以“长安”这两个字，永远是我们内心共同的需求。

如果从更高层次谈，我们的家风，其实就三句话：马马虎虎，不马虎；随随便便，不随便；糊里糊涂，不糊涂。大家好好把这三句话想一想，就可以想通很多事情。现在大部分人，都是受西方的影响，把它们分得很清楚，认为阴就是阴，阳就是阳。其实这根本就不合事实。阴和阳是永远在一起的。一个人完全不马虎，可能吗？完全马虎，可以吗？该马虎的时候，一定要马虎；不该马虎的时候，绝对不能马虎。该严肃的时候，一本正经；该放松的时候，就放松一点儿。

当然，放松不是放纵。现在很多人就是放纵。比如，在飞机上，穿得比在家里还随便，那是中国人吗？中国人外出就要有外出的样子。外出穿得比在家里还随便，这个人就是没有核心价值，没有中心思想，就是家风已经被败坏掉了。

家风必须和谐

心跟心连在一起，才叫和。当大家的心不齐的时候，就是嘴巴和而心不和，那就是最终会导致一事无成的一团和气。比如爸爸叫儿子出去办事，突然天气变了，这时候爸爸就要赶快跟出去，帮助儿子解决一些事情，不能让儿子自己去。否则，同样的情况出现三次以后，父子感情就会越来越淡。对待任何事情，我们千万记住，人心是肉长的，这句话是最重要的。只要你关心他，他就关心你所交办的事情；但如果你不关心他，他就会依法办理，而少了我们中国人最重视的情。

中国人特别注重和谐。和谐从哪里做起？从家庭做起。如果家庭不和，社区就不可能和；社区不和，县市就不可能和；县市不和，省也就不可能和；各个省都不和，国家怎么可能和呢？而且嘴巴和没有用，心和才重要。怎样才能心和？

第一句话，每个人都要记住，不要因为自己害了大家，不要使自己成为害群之马。每个人都提醒自己不要做害群之马，不要因为自己一个人败坏了家庭声誉，不要因为自己一个人连累了整个公司，不要因为自己一个人败坏了整个社会的风气。每个人抱持这样的想法，大家就和谐了。

第二句话，别人的家庭怎么样，我们管不着，我们只能管好自己的家庭。但是现在的人都是倒过来的，自己的家风一塌糊涂，管理得毫无章法，眼睛却总是盯着别人家，对别人家的这个那个指指点点。其实任何人都管不了别人，谁管得了谁呢？每个人把自己管好，大家自然就会相安无事。不要管别人，因为只要管好了自己，管好了自己的家，别人才会以你为榜样，模仿你。中国人很会模仿，但模仿不等于崇拜，崇拜是很糟糕的。

最后一句话，一个和谐的家庭里面，一个和谐的团体里面，每一个人都没有绝对的权威性，只有影响力。大家都在发挥自己的影响力，这种影响力可以对上（长辈），可以对下（晚辈），也可以对左右（左邻右舍）。《大学》里对这一点讲得很清楚。《大学》里讲到，你把自己做好了，使得上面的人自己觉得不好意思，于是也做得好了；而下面的人也会因为不好意思而做得好了；左右的人见大家都做好了，不好意思，也把自己做好了，如此一来，你就有了不起的贡献。这就是充分发挥自己在团体里、在家庭里的影响力的结果。所以，只要你能向上、向下、向左右四方八面发挥一定的影响力，你就是最有价值的。这才是一个有人格的人。

“家和万事兴。”和谐需要每一个家庭成员都自觉从自己做起。每一个人都从自己做起，不仅要自尊，还要敬人，这样才能产生真正的和谐。

一个家长，如果做到家人都听他的，那这个人就太霸道了。一个家长，如果做到所有人都对他有意见，那他也是失败的。做家长，不能适可而止，就会要么太失败，要么太霸道。一个团体，要保留百分之五的反对声音，才是真正的和。和到百分之九十五是真和，和到百分之百，我们就知道那是假的，因为百分之百和，就表示很多人有意见也不讲出来，才会这样百分之百一致。那百分之五的不同意见有一个代号，就叫魏征。领导或者家长看到有魏征，他就会很小心，如果没有魏征，他可能就会变得很霸道。

贰

中国家风的特色

重伦常

家风是要长长久久的，使我们的家人，都能够获得平安快乐的生活。这是非常不容易的。因此，必须要按部就班、循序渐进，一步一步慢慢地把它建立起来。因为家风的建立非常不容易，所以我们不要轻易地去毁坏它。我们必须要把家风中最基础的东西找出来。那么，中国家风到底有哪些特色？

重伦常是中国家风的一个特色。伦理是大家都有的，可是伦常可以说是中华民族的特色。为什么？因为我们自古以来，就非常重视"人之所以为人"的基本道理。西方人一直认为人就是动物的一种。他们有一门学问就叫人类学，研究了半天，得出的结论是：人就是动物的一种，不要把自己抬得太高，否则就叫作"人类沙文主义"。

可是，我们和他们的看法不同。我们自古以来就认为：人固然是动物的一种，但是，人应该扮演超越所有动物，可以照顾所有动物的，一种不一样的角色。所以，我们会有天人合一，我们会有天、地、人三才。这些说法是外国人不容易接受的。他们会认为你把自己的身份提得太高了，太高估自己了。但是，孟子、孔子、老子等古代圣贤，都曾致力于加强人的责任。

关于“三才”，我们这里可以多说两句。三才指天、地、人，语出《易经·说卦》，原文是：“是以立天之道，曰阴与阳；立地之道，曰柔与刚；立人之道，曰仁与义；兼三才而两之，故《易》六画而成卦。”《易经》三画卦上面是天，下面是地，两个合起来是自然，当中一画是人位。天有阴阳，人有阴阳，地也有阴阳，这样一来，三画卦就变成了六画卦。天跟地是一体的，中国人说天就包括地在内，所以天、地、人三才后来就变成了“天人合一”，因为天地是不可分的，有天就有地，有地必定有天，于是后来干脆就叫天人合一。天发挥它的特性，地发挥它的特性，人则顶天立地，把天地的特性整合起来，使得宇宙越来越进化，这是人的责任。

人跟动物不一样。动物是依照本能行事，它没有责任。人却不能完全依照本能行事，人必须要有责任。

我举一个最简单的例子给大家参考。现在很多年轻男女，在大街上就拥抱、亲吻，大家认为这可不可以呢？有些人很自豪地说，我们中国人终于变开放了，终于敢有这样的行为了。其实，这跟敢不敢一点儿关系都没有。也有人说，中国人终于体会到这是很自然的行为，不必像以前那样做作、虚伪、拘泥。这种看法也不见得是正确的。其实，男女具有不同的性别，他们这种互相吸引的倾向，是本能。他们喜欢抱来抱去，喜欢亲吻，这是不用学就会的，没什么勇敢不勇敢的，这是他们的本能。

可是，传统中国人不会这样做的原因是什么呢？就是我们已经把男女之间的关系，由动物性的本能提升到了文化性的行为。如果大家能深刻认识到这一点，就会有很多改变。人就是人，不是一般的动物。人的责任是要维护天地的环境，是要保护所有的动植物。但是，我们所讲的保护，不是现在一些人所讲的保护环境、保护动物，不是那么粗浅的看法。有些人因为不了解真相，不了解其中的道理，就说所有的通通都要保护，最后竟然保护到动物比自己的父母还重要。

我们的伦常就是从这里来的。既然是人，你就不能完全按照动物性的本能去做事，就必须要有人类的文化，要遵守伦理的常规，不可以违反。比如，夫妇只有在卧室里面，才是夫妇。出了卧室，你们就不是夫妇了，你们要么是人家的爸爸、妈妈，要么是人家的儿子、女儿，要么是人家的兄弟、姐妹，要么是人家的朋友。所以，男女之间的亲密关系只能在卧室里面，而不可以在卧室外面。这是中国人非常严谨的一部分。这跟现代化，跟时尚，跟进步等完全没有关系。你要不要成为作为万物之灵的人，你自己选择。

很多年轻人将哪里都当卧室，常常做出一些不尊重自己，也不尊重别人的举动。有一对年轻的夫妻到我家，两个人在一个沙发上贴得很紧，完全像抱在一起一样。我不方便跟太太说，就问先生："你是觉得我家的客厅太小了，还是怕有人把你的媳妇抢走？我这么大年纪了，抢你媳妇干什么？"下楼梯时，他们两个又紧紧地抱在一起，我说："她会摔跤吗？我一把年纪才会摔跤，你怎么不扶我却扶她？"

现在这种人很多，有的媳妇常常当着婆婆的面跟先生抱来抱去，先生下班回家赶紧上去嘘寒问暖，婆婆看到心里会舒服吗？她心里会想：儿子长大了我自己都不搂了，为什么你一天到晚搂着不放？回来要问候也是我先问候，怎么会轮到你呢？婆婆会这么想，是婆婆小心眼儿吗？当然不是。人有七情六欲的冲动，夫妻会有一些亲密的行为没有错，但是只有在卧室里面，只有夫妻单独相处的情况下，怎么传情、怎么亲密，才是两个人的事情。要做夫妻，回卧室去做，干吗非要当着婆婆的面呢？千万记住一句话：夫妻只有在卧室里面才是夫妻。中国人常讲一句话，人人要自重自爱。自己看重自己，别人自然尊重你；自己看不起自己，别人为什么要看得起你？夫妻要得到一家人的尊重，必须及时地调整自己的角色。到处都是夫妻行为的表现，那就叫角色混淆。

自由是有限度的，是以不自由为基础的。每个人都有一部分不自由，大家才有相对的自由。想想看，一个房间只有一个人，窗子爱开就开，爱关就关，会有百分之百的自由。一旦有了两个人，你要关他偏要开，你要开他偏要关，自由马上就减少一半。来了第三个人，就只剩下三分之一的自由。只要有四个人，自由马上就变四分之一了。自由不是没有限度的，媳妇在婆媳关系中要有所忍耐，要扮演好自己的角色，才会得到家人的尊重，才能有婚姻的空间。

作为万物之灵，人不应该仅仅拥有动物性的本能，更要有责任感和廉耻心，恪守古圣先贤建立起来的做人规矩。人们常常讲：做事先做人。那么，究竟怎样做人，才算是合乎规矩？又有哪些规矩，是人们必须要遵守的？

要有根本的规矩

为了配合“五伦”，我们有“五常”，即仁、义、礼、智、信。曾经有一些人提出：“五常”不够，要“六常”“六伦”。可我看了几十年，没有一个成功的。为什么？因为“五”是符合自然规律的。我们一只手就只有五个手指头。中国人很喜欢用“五”，因为“五”的意思是：你可以充分掌握，可以控制得了。我们现在硬弄出个“六”，“五”都做不好，如何还能谈“六”呢？所以，我们只有“队伍”，从来没有“队六”。“队伍”我可以完全控制，“队六”就溜来溜去，就成一盘散沙了。我讲这个的意思是：我们要尊重古圣先贤。他们花了很多心思，才建立起来的东西，我们不要凭一时的冲动，就随意改变它。因为这样改变后的东西，是经不起考验的。

有“五伦”就有“五常”，表示这五种根本的关系，必须要有它不变的规矩。君臣有义，父子有亲，夫妇有别，长幼有序，朋友有信。这都不是片面的要求，都是相对待的。我建议大家不要用“相对立”，因为一对立，就无法统一了。“对待”还可以统一，“对立”怎么统一呢？人不要有对立的观念，我们要相对待。

君臣有义。我们没有片面地要求，说老板要照顾你的下属，你的下属才会对你忠心耿耿。“义”指的是合理，你合理地对待他，他就合理地对待你；如果你不把他当人看，他迟早会背叛你。而且，他背叛你也是理所当然的，你不要怪他。

人与人不可能一模一样，为什么？因为有老、有小，有男、有女。讲到平等，大家想一想：人与人之间可能完全平等吗？若说尽量地让人与人之间平等，相信没有人会反对。实际上，人与人之间不太可能会平等。为什么？机会有限，资源不足。机会永远是有限的，资源永远是不足的。如果能让每个人都有，那当然可以平等。但事实是大家都想要，可资源和机会就这么多，于是就有一个先后、轻重、缓急之分了。所以，儒家才会主张有差等的爱。

爱是不可能有差等的，爱只有爱跟不爱。但是，因为有先后、轻重、缓急之分，所以看起来有点儿不一样，实际上是一样的。比如，两个老人都需要照顾，一个是你的爸爸，一个是你爸爸的朋友，你会先照顾哪一个？如果你能够同时照顾两个老人，你当然会同时照顾他们。可是你的精力有限，你的时间有限，怎么办？所以会有个先后、轻重、缓急之分。大家从这个角度来了解儒家，应该会比较容易。

但是我们不能够把它绝对化，一旦绝对化就会变得不可靠，大家就不服气了。为什么只要求我，不要求他？所以，父子有亲。

父子间彼此都有亲情。父亲对儿子要仁爱、要照顾，儿子才会对你孝敬。你天天拿儿子当出气筒，天天当众给他难堪，天天想尽办法羞辱他，他就算孝敬你，也是一时的，也是表面的，他迟早会离家出走，迟早会在无法忍受的情况下，不认你这个父亲。这才是事实。

夫妇有别。这个“别”字特别重要。现在，我们的思想被西方的很多主张迷惑了，以至于我们变得头脑不清，分辨能力差。西方人一直说男女要平等，我们就盲目地跟着说男女平等。大家冷静地想一想：世界上什么地方需要追求平等？什么地方平等的需求、平等的呼声最高？答案很简单，就是不平等的地方。如果这里已经平等了，干吗还要追求平等呢？干吗还要天天高呼平等呢？不平等毋宁死，这不是很奇怪吗？这些都发生在西方，没有发生在中国，就是说中国自古以来就很平等，就很自由。

但是，我们很清楚，人类只能享受合理的平等，合理的自由。现在我们把“合理”去掉了，只说自由、平等，这就将自由、平等极大化、绝对化了。想要绝对的自由，想要绝对的平等，谁也做不到。人类若自寻烦恼，自讨苦吃，就是糊涂。

我们听到西方争取男女平等，应该很高兴才对，因为我们已经不需要争取了。西方人争取言论自由，其实我们也不需要争取，因为我们的言论已经够自由了。其实我们自古以来就是这样，皇帝的要求很有限：你不要造反，要按时打粮，对外的事情我来做主。

这样，我们才有皇帝离我们像天一样远的感觉，外国人哪里会有？

不要外国人争取什么，我们就争取什么。外国人争取那些，是因为他们在那方面有缺陷，他们有那个需要，我们不一定有。在中国，如果了解真实的状况，你会知道，我们向来是女权高于男权。虽然我们表面上会把男人捧得比较高，但这只是中国人的一套做法而已。给男性一个家长当，却没有薪水领，而真正的实权都在女主人手上。大家仔细去观察就会发现，若女主人有一套，她就能够在实际上掌权，而名义上她从来不要，这才是聪明的。我长期看下来，凡是争取男女平等的，最后都是女性吃大亏。

长幼有序。为什么？因为哥哥的力气永远比弟弟大，你要跟他争，他打你一下你就受不了。我们中国人处处都提保护弱者，但是我们会讲出一套让强者很有面子的话。大家朝这个方向去想我们的伦常，就可以体会得很深、很精，而不是像现在这样，只知道字面上的意思。

朋友有信。一个人若没有信用，是无法立足在社会上的。但是，信也不是绝对的，对任何人都有信用，那也是不可以的。孔子告诉我们：你要先对人家有信用，但当你发现人家对你没有信用的时候，你就要小心了，就要疏远那个人，不能再上当。这样我们才知道，为什么中国人对于吃亏上当的人，一点儿也不同情。不像外国人，他们很同情被欺负的人，很同情吃亏上当的人。中国人相反，中国人专门爱笑那种人。

君臣有义，父子有亲，夫妇有别，长幼有序，朋友有信。这些就是规矩。很多年以来，中国人对于“伦常”有着许多误解，现在我们知道，“伦常”正是家庭关系正常的基础。

要知进退

知进退，我们很少这样直接说出来，我们通常用“与时俱进”这四个字来代替。但是，一提到与时俱进，很多人就认为，与时俱进就是我们应该随着时代而进步。其实这句话是有问题的。“与时俱进”真正的意思是说：该进的时候要进，该退的时候还是要退的。进固然是进，退也是进。这个“退也是进”，很多人是很难理解的。比如我们打仗的时候，一直说前进、前进，永远是前进，从来没有撤退，可明明是有退的。退是什么？就是改变方向继续前进。那是非常时期、非常措施、非常行动。

平常也是如此。时机有利的时候你不进，很可惜；时机不利的时候你进，很可笑。其中的缘由孔子讲得最清楚：社会很正常的时候，你不赚大钱就表示你没有能力；社会很混乱的时候，你赚大钱就表示你道德有问题。就这么简单。所以，不见得赚钱就是好，不赚钱就是不好。

中国人的进退，是没有固定方向的。因为时是变化的。比如，春天是生发的季节，夏天是发展的季节，若到了夏天才种东西，就已经太晚了。秋天要收割，冬天要养精蓄锐，因此到了冬天，最好少乱动。这才叫时。不然什么叫时呢？可现在的很多人都不懂得依时而动，一天到晚把自己搞得很忙，就为了显示自己很伟大，显示自己能照顾这么多，折腾到最后得了最可怕的现代病——猝死，突然间就不见了。自作自受。

还有一句话，是我们经常说的，叫作“尽人事以听天命”（语出《中庸》）。这也叫作知进退。可是，“尽人事以听天命”我们经常把它解释成：凡事你要尽量去做，最后结果怎么样，是老天决定的。但无论结果如何，你都要欣然去接受。对于这句话的解释，后面那个“听天命”的解释是对的，就是说：成功是成功，失败还是成功。因为失败，你就多了一个经验，下次就可以避免类似的错误，就不会重蹈覆辙。

但是，“尽人事”并不是说我要想尽办法、用尽心思，然后找人情，游走于法律的边缘。可是很多人都是这样想的。中国人的“尽人事”，应该是在工作的过程当中，不断地提升自己的品德，那才叫“尽人事”。不管做什么事情，不管多么艰难困苦，或者多么快乐，多么顺利，你都不要忘记修炼品德。因为艰难困苦的时候修炼品德，你比较容易记住；而快乐、顺利时更要提升品德，因为那个时候你的品德最容易有损。虽然有各种变化，但不变的是心态。心态就是提高自己的品德修养。至于结果怎么样，就交给老天来决定吧。这就叫作知进退。

不服输

不服输，这也是中国家风的特色之一。世界上有那么多民族，很少有像我们中国人这样绝对不认输的。我们看谁都不服气，怎么会认输？其他国家的球队出去比赛，赢了，他们很高兴；输了，他们就认输，这次努力得不够，下次继续努力。中国人会吗？中国人不会。中国人从来没有认输过。我们输了是因为水土不服；我们输了是因为我们的场地被人家动了手脚……不然我们才不会输。

而很妙的是，秦始皇竟然给自己儿子取名叫作扶苏，扶苏与“服输”谐音，那当然一定是输的了。果不其然，后来他明明要立扶苏来当接班人，可扶苏却被赵高和李斯害死了，这两人拥立胡亥为秦二世，没多久就发生农民起义，秦就被推翻了。很多事情，我们真的要彻底搞清楚。五千年来，再辛苦，我们也站得起来；再贫穷，我们还是有正气，因为我们不服输！

我再举一个典型的例子：我从来没有听过一个妈妈，跟她的孩子讲过实话。你遇到过这样的妈妈吗？她把孩子叫过来，说：“儿子，你看，你爸爸就是失败。他那么努力，可你看这个家，还是不能跟人家比。你爷爷也失败，一生也就这样糊里糊涂地过去了。所以我看你也算了吧，马马虎虎过日子就可以了。”有这样的妈妈吗？没有。天下的妈妈，只要她是中国人，她一定会这样讲：“儿子，你要争气。你看你爷爷现在不是很成功，是不是？其实他很厉害的，他是被小人陷害，才会如此。我跟你讲，你爸爸也是一样，倒霉，运气不好，不然谁比得过他？所以你只要努力，就一定有希望。”

中华民族就是靠着不认输，我们的文化才一直是连续的；就是靠着不认输，我们每700年才能大兴盛一次。这是我们必须要坚持的。

但是，口头上不认输，内心却要反省自己的问题到底出在哪里，这个叫作一阴一阳。你口头上一认输，兵败如山倒，全完了。但你心里一定要调整，要时刻提醒自己：如果我再这样下去，我会把自己短短的一生都耽误掉。我们常说，识时务者为俊杰。但是这句话很容易让你变成小人，所以你要告诉自己：我要调整，但是我只能够随机应变，绝对不可以投机取巧，凡是对品德有伤害的我宁可不要。我要坚持提高品德修养，要想办法让自己更圆通一点儿，来配合这个时代的需求。这样就对了。

我们的圣贤很少，就是因为中国人是不服输的。所以我们的圣贤通常都不是个人，而是集大成的。比如孔子，集儒家之大成；老子，集道家之大成。他们的思想都叫作一家之言，而不是个人的想法。

现在有些人很奇怪，一开口就是“这是我个人的想法”。你“个人的想法”谁会去听呢？西方人可以说“我个人的想法”，中国人却只能说“大家的看法”。我们研究的成果，从来没有个人意见，因为那是没有人会接受的。所以，我们以前从未说过这是哪一个人的意见，我们都说这是“一家之言”。看诸子百家，没有哪一个人是独创一格的。

外国人常问我：为什么你们中国人落差那么大？孔子高高在上，你们这些人却没一个人能赶得上他。我说不错，你们永远是“我要胜过我的老师”，我们从来没有，我们中国讲究师承，这是我老师说的，这是老师教给我的。我们把自己新的东西通通加到老师教我们的东西上，就变成一家了。

不为物役

我们千万记住，所有的物都是要为人所用的。但是现代人刚好把这个颠倒过来了。我们发明了饮食，结果我们变成了饮食的奴隶。有很多人好不容易去了国外，却为了吃上一顿中餐，要开两个小时的车，这又何必呢？到了意大利，就吃吃意大利面或者披萨；到了日本，就试试生鱼片和味噌汤，尝试一下当地的餐饮，有什么不好呢？为了吃上中餐，开两个小时的车，这种人就是失去了自主性。再比如，我们发明电脑是为了方便，现在我们自己却变成了电脑的奴隶，连坐飞机都要提着电脑，何必呢？我出门从不带电脑，我有自己的脑袋，人脑肯定比电脑好，但是很多人都讲，人脑不如电脑。有些人的脑袋的确不如电脑，那是因为他们的脑袋不经常用，依赖电脑，使得自己的脑袋生锈了，但是我自信我的脑袋绝对超过电脑，因为我经常在用它。

现代人变成了电脑的奴隶，变成了金钱的奴隶，而这些主宰我们的东西，都是我们自己发明出来的。我们发明东西的初衷，是要让它们为我们所用，我们自己是这些东西的主人，但是现在大多是刚好相反的。现代人追求自动化、信息化，却没有想过自动化也不是万能的，有时候反而会为其所累。有人设想能装上这样一部电脑：当我在外面的时候，我只要按一个按钮，家里很多事情就能自动完成。可是万一有一天你睡觉的时候，一不小心碰到了那个按钮，电脑运作，使得床翻过来把你压在了床底下，到那时候你就会叫天天不应，只能自食苦果。

一切都有轻重缓急和先后顺序，我们要先搞清楚，不能盲目地沉迷，把自己变成“电脑迷”，变成“手机迷”，否则就是失去自我了。今天人类最大的问题，就是没有了自己。

我们小时候是没有电视的，读到高中的时候才开始有电视，我就很好奇，经常坐在那里看电视。可每当我看到最有趣的地方，爸爸就会叫我去做别的事情。我们那时候是很听话的。现在我相信你叫你的孩子去做什么，他肯定说“等我看完这集”。我们那时不会，我就照做了。但是几次之后，我就忍不住问我爸爸，为什么每次我看电视看到很好看的时候，一定要叫我去做别的事情。我爸爸告诉我，他是故意的。我问他为什么故意，他说：“因为我不希望你迷一件东西。你对一件东西有兴趣，我叫你做别的事情，你做得到，那你一辈子都不会迷任何东西。”我说：“那你是存心整我喽？”他说：“是啊，我就是要整你，不整你，你怎么养成习惯？”我说：“可是被整的人很痛苦啊。”因为那时候我已经上高中了，对父母讲话的尺度可以稍微大一点儿。他说：“我承认，被整的人很痛苦，但是你不知道整人的人也很辛苦的。”

我问："整人怎么会辛苦？"他说："我要注意看你什么时候有兴趣，我才叫你呀，那个时机要对。"

所以老实讲，中国人的学问，不是那么粗浅就能了解的。说是"整"，其实是父亲想给我一个限度。大家想想看，一个人如果对某样东西没有兴趣，此时别人叫你去做别的事情你就去，那没有什么稀奇的；而如果你对某样东西非常感兴趣，别人却在此时叫你，你能去，那就很难了。

再比如打麻将。打麻将好不好？我不知道。但打麻将往往都是上台容易下台难。本来说好打四圈，结果打了八圈还不够，那就完了。人不能迷任何事情，莫为物役。金钱、货品、艺术品、宗教，没有一样是可以迷的，包括科学在内。这一点，我们在家风里也应该特别强调。

泰然自足，适可而止

我已经尽力了，我自己觉得很愉快，我很努力，很认真，就算只能穿破衣服，我也无所谓，这个就叫作泰然自足。很多人说，中国历代都在追求富国强兵。其实不是的，我们真正追求的还是那两个字：安足。

我读孔子的书，读到孔子常常梦周公，他甚至说“甚矣吾衰也！久矣吾不复梦见周公”，我就很好奇：他怎么能够梦到周公？于是我想到最容易的办法，就是既然孔子可以梦到周公，那我就来梦孔子。所以，我就告诉自己，我睡觉要梦到孔子。

刚开始是梦不到的，可是后来真的梦到了，正所谓日有所思，夜有所梦。于是，我才知道孔子对周公很尊敬，常常有些问题要跟他神交。我梦到孔子，很开心，我很恭敬地问他：“孔老夫子，您对我们这些后生晚辈有什么指教？”他讲了一句话很有意思，他说：“你们讲了太多的事情，是我从来没有讲过的，怎么把这些东西都加在我身上呢？”由于时代在演进，我们现在的生活条件、生活方式跟孔老夫子当年有很大的不同，当然，孔老夫子这句话其实并没有责怪我们的意思，只是用相反的角度来告诉我们，不要执着于他当年所用的词，诸如“割不正不食”这类的话，因为他讲的话有其特定的条件，我们要将那些话加以适当调整，才能正确领悟。

有一次最妙，我居然梦到孔子跟老子两个人喝茶谈天，谈得还很愉快。我很冒昧地上前说道：“难得同时看到二老，你们处得这么好，很难得。”老子没有说话，孔子说了一句话，也很有意思，他说：“我比他年轻，所以我来告诉你。”意思就是说，老子不是不说话，而是因为有孔子在，他用不着说了。一个人听话，要听出别人没有讲出来的东西，而不要光听那几句话。孔子说：“我们两个是好朋友，只有你们这些做学问的人会把我们分来分去，好像我们是两个极端一样。”这时候，老子也说话了：“我们都在讲一句话，叫作知足不辱。”

一个人自己能知足，就不会受到侮辱，所有外来的侮辱，都是我们自己不知足所招惹的。比如，如果你讲了一句不合时宜的话，人家就会看看你，意思就是你这人是什么身份，什么地位，有什么资格讲这种话？如此一来，岂不是自取其辱？

我们今天不了解孔子与老子两个人，以为他们的学说千差万别。后来我慢慢才体会到，孔子在讲《易经》的道理，老子也在讲《易经》的道理，只不过孔子比较偏重于乾卦，偏重于“天行健，君子以自强不息”，而老子是就坤卦来说的，主张以柔克刚，少思寡欲，偏重于“地势坤，君子以厚德载物”。

有一次，我深深得到了他们的启发，他们告诉我，把《易经》读通了以后，就会知道一句话是分两面说的，比如“不敢为天下先”，就是敢为天下先。所以，我们今天读《易经》，一定要两边兼顾，看到“潜龙勿用”，要知道勿用就是要用，不是不用，否则文王不会用“勿”，而会用“不”。“潜龙不用”，才是真的不用。勿用就是站在不用的立场来用，才不会乱用。

我小的时候，也是不懂这些道理的，自己手上有糖果吃，就会问爸爸：“你要不要吃糖果？”这时候，妈妈就教我说：“你不可以这样问爸爸，你想给爸爸吃，就直接给爸爸，爸爸要不要吃是他的事情，你不可以问他要不要吃。”现在我们都不会教给小孩这样的道理，所以大家都受苦受难。

有一次，一个老太太跟我诉苦，说起了她的儿媳。老太太的儿媳其实是蛮有孝心的，有一天，炖了一锅鸡汤，还加上人参、枸杞等一大堆材料，辛辛苦苦把汤炖好了以后，很开心，然后就大声问老太太：“婆婆，要不要喝鸡汤？”老太太说：“我当时真的是很为难，这叫我怎么说？如果我说要，就是让我儿子没面子，表示我们家穷得不得了，以前从来没喝过鸡汤，一听说有鸡汤，就要喝，岂不糟糕？所以我只好说不要。可没想到我说不要以后，他们两口子就把汤喝光了，我一口都没喝到。”

这样的事情现在太多了，老太太很委屈，但是她的儿媳妇却觉得自己问过了婆婆，是婆婆自己说不要喝的。这种人就是只听一句话，没有照顾到两边，现在这种人是越来越多。

中国人说不要就是要，说要就是不要；说没有就是有，说有就是没有，这才叫《易经》，中国人的阴阳是不可分的，阴会变阳，阳会变阴。可我们现在学西方人，认为中国人这样是摇摆不定，没有立场等等，讲一大堆。老实讲，如果有一天省长到你们公司去，你敢问省长“省长，你要喝什么”吗？你问了，省长一定会说：“我不喝。”但是他心里会想：这个人怎么这么没有礼貌，这个都要问？而你却可能会认为是省长摆官僚派头。这怎么是摆官僚派头呢？你这样问，给省长的印象就是，你心中没有他的存在——你如果心中有我，你会事先就打听清楚，这种事该问秘书，而不是来问我。

今天大家就是因为不懂这些章法，使得每个人都不愉快，那能怪谁呢？有很多事情，我们一定要把儒道两家的思想合在一起来思虑。有机会进的时候，我们就采取孔子的路径，当进则进；如果目前时机不对，进了反而有麻烦，我们就学老子，该退就退。这样岂不是很愉快吗？

所以，中国人都知道只要先照顾到别人，就可以照顾到自己了。一句话讲完了，最自私的人就是最不自私的人，最不自私的人就是最自私的人。这句话，如果用西方的语法、文法来看，根本就是不通的，可是用《易经》“一阴一阳之谓道”的思想，我们就能理解，自私就是不自私，不自私才是自私。

所以，我们做任何事情都要懂得适可而止。

我这是苦口婆心，是否听得进去悉听尊便，因为每家都有每家的盘算。但是不要忘记，中华民族是个大家庭，中国人走到哪里，人家都能看出来你就是中国人，对你多少都有点儿怕。因为谁都知道，全世界最聪明的只有两个地方的人，一个是犹太人，一个是中国人。犹太人已经被追杀得那么惨，中国人不能再步这个后尘了。我们要活着，我们要替子孙留下余地，不要把他们逼到死胡同里面去。

全世界所有的竞赛，如果我们都拿第一的话，我们的子孙就无路可走了，因为谁都不会跟我们来往了。人家一碰到我们，就一定输给我们，人家还理我们干吗？所以，中国有一门艺术，叫作没有输赢。今天很多人都已经忘记了。西方人斗剑一定要有输赢，而中国人比剑比刀，没有输赢，我赢了也装没赢，他输了也装没输，两边都有面子，这叫圆满。

大家想想看，下西洋棋，赢就是赢，输就是输；打桥牌，赢就是赢，输就是输。不是上升就是下降，没有其他选择。可下象棋呢？一看再赢下去，你恐怕会翻脸了，我就搞和棋，全天下只有中国人懂得什么叫和棋。对方知道我赢了就好了，我为什么要让别人看到我赢了你。真正会下象棋的人，不会老赢人家，你老赢人家，就没有人跟你下了。你见到人家说：“好久不见。咱们下盘棋吧？”人家说：“不好意思，我肚子痛。”他宁可说肚子痛，也不跟你下，因为你老是赢人家。

你要让人家知道你会尊重他，赢两盘最少会输给他一盘，他心里很清楚你棋艺高，他会从内心佩服你。可如果你搞得他没有面子，他就会到处诋毁你，那你就会很孤独，就好像不会下棋一样。一个人下棋下到没有人愿意跟你下，就等于不会下棋。所以，千万不要想当什么天下无敌。

我们现在受日本的影响，老是要求第一。我年轻的时候在美国，那时候日本人是很厉害的，因为他们很有钱。有些人一看到我这种脸孔，都以为我是日本人，一上来就跟我讲日本话，我就跟他们讲，我是中国人，不是日本人。可他们不相信，他们很诚恳地说："那你告诉我中国人跟日本人到底有什么不同？"我就告诉他们："比赛时同样在头上绑带子，凡是带子上写着'必胜'两个字的一定是日本人，中国人从来没有必胜的观念，我们都是不败。大家看，我们信东方，日本人也信东方，可是我们的名字叫作东方不败，他们的名字一定叫作东方必胜。必胜的人是胜不了多久的，可不败的人可以长长久久地不败。"

一个人当进则进，当止则止，但是进容易，止是非常难的。现在的人大多能动不能静，静不下来。一个静不下来的人，身体是绝对不会好的。我很少用"绝对"这两个字，因为中国人的事情多半是相对的，很少有绝对。但是一个静不下来的人，身体绝对不会好，这也是自找的麻烦，自己糟蹋自己。我们可以看到，现在的小孩子，为了听英语，连走路都要戴着耳机。我不知道这样做得失如何，但是最起码，这使得一个人完全不知道怎么生活。周围有很多人，你偏偏不跟他们讲话，偏要打手机跟很远的人讲话，奇怪不奇怪？这种人对于现实面，一概不懂，整天沉溺在网络世界中，现实中认识的朋友不来往，竟敢去跟那些根本就没有见过面的网友约会，最后吃亏上当，受害也是活该，是自己找来的。

我们要告诉小孩子，有几项基本的东西，是能够让人泰然自足的。当然，小孩听不懂这种话，所以，你要告诉他，这是会让他过得很愉快的条件——第一，勤劳；第二，节俭；第三，认真；第四，负责。有人说，这很老套，这是老调了，但它并没有过时，因为它是经。所谓经，就是永远不可以改变的事情。我们今天很多人要求新求变，其实这是会害死子孙的。

中国人一定要两句话一起讲：有所变，有所不变。变与不变，这二者要同时兼顾。现在的人只讲到了一边——求新求变，我希望大家了解，求新求变是很可怕的，因为小孩子听到这句话以后，就会有个观念，认为旧的都是不好的，新的才是好的。这是错误的导向。

我们中国人经常会避免用这个“新”字，因为我们知道，新的不一定比旧的好，凡是常常创新的，就表示是没有把握的。这是企业界应该要小心的，一项技术还没有成熟，就拿出来应用，改进一次，就叫创新，再改，还叫创新。显而易见，时时要“创新”，就表示这项技术根本就是不成熟的。一个很成熟的东西，它是不需要改来改去的。比如我们的手机，不同的款式有不同的功能，新款的功能会比之前的强大，这个还无可厚非，但如果手机更新换代到连充电的插口都做得不一样的话，就是商家没良心了。这话我已经讲了十年了，尽管我们的手机功能不一样，但是充电的插口要统一，否则连充电插口都变来变去的话，那会制造大量的垃圾，而且会增加很多的不便。

要懂得隐藏

如果别人学我们的东西，我们有那个胸襟，因为他们怎么学都学不像，但中国人学别人会学得很像，中国人的模仿能力全世界第一。你会唱歌，我唱得比你还好；你会跳舞，我跳得比你还神。所以谁看了我们都怕，因为学什么像什么，那他们的子孙怎么活？这样我们才知道，为什么《道德经》里说“不敢为天下先”，为什么孔子说“始作俑者，其无后乎”。孔子是很少骂人的，但这句话骂得很难听。

老祖宗告诉我们：人，要懂得隐藏。

有一次，我在纽约跟一个犹太人吃饭。他讲了几句话，给我很大的震撼。那个犹太人跟我讲：“说实在话，全世界你们中国人最会做生意。”我说：“你讲这句话是什么意思？全世界都公认你们犹太人最会做生意，没有人说中国人是最会做生意的。”听我讲了这句话以后，他有些激动，说：“就是这句话把我们犹太人害死了！大家都说犹太人会做生意，所以一看到犹太人，就把两只眼睛睁得大大的，我们一毛钱都赚不到。你们中国人都说自己混口饭吃，不会做生意，可最后钱都是你们赚走的。”我说：

“你这样讲不对。”他说：“怎么不对？你们中国人就是这样，明明自己挖了一个洞，挖完还说不是自己挖的，别人问是谁挖的，就推说不知道……”这才是典型的中国人。

老实讲，如果一个人一出手，人家就知道你要干什么，你就什么事情都干不了。所以孔子主张“老二哲学”，不希望我们做老大。这是有道理的，不是毫无根据的。中国人最聪明，常常说“我不行”，把最会做生意的帽子加给犹太人，又把最会做情报的帽子交给日本人，然后全世界都知道犹太人最会做生意，就害死犹太人，让他们一毛钱也赚不到；全世界都知道日本人最会做情报，就处处提防日本人，让日本人什么情报也得不到。

一个人懂得隐藏自己的聪明，才叫真聪明，正所谓真人不露相，露相非真人。现在中国人都学西方，有才能就要展示出来，不展示跟没有才能一样。这种思想实在是太浅薄了。我们去看《易经》的第一卦第一爻，就告诉我们：潜龙勿用。老子也告诉我们：深藏不露。懂得隐藏自己的聪明，才是真智慧。

这样大家才知道，中国人有意见，都会先说“我没有意见”，如果你说你没有意见，人家也不再问你，那就表示即使你讲，人家也不听，那你还有讲的必要吗？很多时候，领导问部属有没有意见，部属多半说没有。领导说：“有就说啊！”你还说没有，领导再坚持让你说，那你就要说了。第三次还不说，要到什么时候才说呢？

为什么中国人一定要“推、拖、拉”？很多人不太了解，“推、拖、拉”是推给最合适的人，而不是把时间推掉，也不是把责任推掉。责任是绝对推不掉的，推脱责任只会浪费时间。真正会推拖，是推来推去，推给最合适的人。

开会的时候，第一个发言的人经常是没有人听他讲什么的。我经常有机会与一些公司的老总接触。有一次，我坐在一位总经理旁边，旁听他们开会。会议一开始，总经理说：“我们大家都很忙，抽出时间开会很不容易，大家有话就要说，不要客气。”然后有人就举手，第一个开始讲话。可是总经理却一直跟我讲话。我很不好意思，跟总经理说：“老总，你叫人家讲话，人家讲的时候你又不听，一直跟我讲话，这样不好吧？”他说：“怎么不好？有什么不好？我告诉你，他讲的话没有一句是可以听的，这种人讲话我再注意听，那我不是鼓励坏人吗？我跟你讲话没有别的意思，就是在暗示他不要再讲了，再讲我要给他难堪了。可是他连这个都不懂。”

所以通常开会的时候，我们都会先听别人讲，听来听去，他的意见还不如我的，那我就要讲了。这时再不讲，像话吗？如果听来听去，他的意见比我的好，我就想，幸亏我没有讲，如果我讲了，那就贻笑大方了。这是多有利的事情！为什么一定要争先呢？我们现在都说要争先，实际上是误解了老子的意思。

老子说：“后其身而身先，外其身而身存。”大家慢慢去体会，老子是要争先的，道家也是很积极的，但是他是站在不争先的立场来争先。“潜”的意思就是站在不要的立场来要，才不会乱要；站在没有意见的立场来发表意见，才不会乱说话。

以后当你讲话的时候，下边有人叽里咕噜，你就知道他不想听。既然他不想听，你还讲什么？那纯粹是浪费时间。

你要第一个讲可以，但不要举手。你先看看别人，一圈看过去，有人看你，你就请他先讲，他一定说不要，而且会请你先讲。你再请其他人先讲，所有人都不肯，你再站起来讲，没有人会嫉妒你，因为你已经谦让了那么多人，这时候就应该当仁不让。如果你连一个都不让，自己就站起来讲话，那就表示你完全是目中无人，谁愿意听你讲什么呢？

关于讲还是不讲，我们说凡事合理就好，而且事先一定要先推一推。中国人会“推、拖、拉”，是有用意的，就是我对你有礼貌，我尊重你，你要先讲，我一定不跟你抢，但是你们都不肯先讲，那抱歉，我先讲，这时候才叫当仁不让。所以，同样是第一个讲，会收到两种截然不同的效果，其实就这么一点点差别而已。

我希望各位了解，“潜”就是为了要表现，“潜”如果是什么也不要，那就连潜都不要讲。《易经》讲“不”，就是“要”，因为它是“一阴一阳之谓道”，“要”跟“不要”是连在一起的，不会分开。

话说回来，潜龙勿用，深藏不露。你没有能力，你有资格讲深藏不露吗？凡是说深藏不露的，都是非常有能力的人。你没有能力，再露也不过是那一点点，有什么好深藏的？你连深藏的资格都没有。西方人想不通这些道理，我们不可以想不通，这是我们大家庭的家风。如果搞得全世界人都怕我们，就好像全世界都怕犹太人一样，那是我们子孙的不幸，千万不要走到那种地步。

所以，我建议大家先从自己家做起，要告诉自己的孩子不要事事只想着争第一，要懂得保留自己的实力，不要被人家一眼就看穿，这才是标准的中国人。

叁

如何重建中国家风

要把自己修好

不管是要建立家风，还是要复兴家风，都必须要有三个很具体的环节，而且每一个环节我们都要把它做好。这三个环节不但缺一不可，而且环环相扣。其实，这三个环节都是大家非常熟悉的。第一，修身；第二，齐家；第三，传承。下面，我分别把这三个环节来做一个说明。

第一，修身。家里面不论男女老少，不管先来后到，都必须要好好把自己修好，叫作修身。“修”字是修整的意思。我们身上多多少少会有一些令自己不满意的地方，所以我们要把它修一修，使它更正、更好。

《大学》里讲的这句话谁都会背：“自天子以至于庶人，壹是皆以修身为本”。从地位高的人，一直到平民百姓，没有一个人例外，都必须要以修身作根本。这就告诉我们，齐家、治国、平天下，不是本，而是末。如果你连本都做不好，后面都是空谈。修身修得好，齐家才有可能做得好，然后才有本事去治国，最后才能够平天下。这就是《大学》里所说的：“身修而后家齐，家齐而后国治，国治而后天下平。”这当中只要有一个做不好，用今天的话说，就是没戏唱了。所以，修身是根本。

问题是怎么修身？《大学》里说：格物、致知、诚意、正心。这八个字是专门讲修身的。可见修身是从格物开始。格物怎么解释呢？现代人很喜欢科学，所以就会从科学的角度去解释，说格物就是把每一样东西，都弄得清清楚楚。其实这个“格”是去掉的意思，“格物”即是把人对物的欲望去掉、减少。人随着年龄的增长，欲望会越来越多，对外界的需求也好像是无止境的，这才是最大的麻烦，也是修身最大的障碍。所以，《大学》才会把格物排在最前面。

因此，我建议，家长在教育孩子的过程中，尽量不要让他想要什么就得到什么。现在的家长，孩子一哭，家长就问他想要什么，然后马上办到。所以，到孩子五六岁的时候，他在外面就会有很多“精彩”的表现。我就曾在餐厅吃早餐时亲眼看到过。在自助餐厅里，孩子坐在那儿，爸爸在旁边陪他，妈妈去拿东西。孩子说：“妈妈，你怎么这么慢！”然后声音越来越大，“坏妈妈！坏妈妈！……”最后竟然哭了起来。为什么？急着要吃啊！然后，我开始注意那个爸爸，那个爸爸完全无动于衷。这算什么家庭？家风到哪里去了？这就是没有修身的后果。

我以前在美国，就曾听过孩子骂自己的妈妈“坏妈妈”，可我从没在我们自己的国家里听到过。孩子骂妈妈，爸爸的责任是什么？我相信那个爸爸当时一定很开心，心想终于有人骂她了。

如果这样，这算家庭吗？这是一家人吗？《易经》里面有个“需卦”，告诉我们任何的需要都必须要等待。但现在的孩子不能等，想要就要，那他的一生该怎么过？你看看妈妈喂小孩的时候，要把食物吹凉，甚至自己试试温度，再送到婴儿的嘴巴，这是有深刻用意的。

有一次，我在一家店门口遇到一个年轻人，长得比我高，很清秀。他跟我说：“你把那个买给我。”但我并不认识他，我就问：“为什么？”他说：“因为我喜欢。”我说：“你喜欢，你不会自己买？”他说：“我没有带钱。你给我买！”真有这样的人。这是谁教出来的呢？我们该骂谁呢？该骂他，还是该骂他的爸爸妈妈？我再说一遍，中国人的孩子做错事，我们应该骂他的父母，这是非常有道理的。

格物是从婴儿时期就要开始的。一位父亲，每次出差都给孩子带玩具，这是真的疼爱孩子吗？不是。他是为了向他的邻居炫耀。你看，我多有办法，什么玩具都能买来，你家有吗？还有一种更可怜的心理，就是他小时候没有玩过，现在其实是为了补偿自己。他买来玩具，一路玩，玩够了才给孩子玩，这算什么呢？几乎都是这两种心理，很少有例外。

有一次，我碰到一个到外地出差的朋友，他跟我说，他在回去之前，一定要抽出一个小时的时间去买玩具。我问他为什么。他说他老受隔壁家爸爸的气，隔壁家爸爸一买回来玩具，他的孩子就说“爸爸我没有，我也要”。所以，他这次也要买一个隔壁家孩子没有的玩具，也让他家孩子去吵他，让他也受受气。

我们要知道，每一个人的生长环境和背景，都是不相同的，所以我们不要比来比去，因为根本无从比起。一个人的需要如果太容易满足，其实并非好事。格物的这个“格”，是去掉的意思，但不是全部去掉，因为那是不可能的。

小孩子是需要父母的，父母陪他的时候，是以他为中心。但是不要把他捧得高高的，那是害他。因为中国人最清楚：捧得高，将来摔得就惨。所以，真正的中国人从来不过分地奖励小孩。你去看《红楼梦》，贾宝玉文章写得再好，还是抵不住贾政的批评。“你这算什么？请教这些伯伯。”记住，你赞美你的小孩，他将来出去闯荡，就跟长官处不好。因为长官不会常常赞美他，他就很压抑。如果他能觉得，长官对我不好，长官对我很严厉，但我很开心。因为他比我爸爸还好，我爸爸对我比他对我还凶。所以我就心平气和。适当地教养，才是真正的爱他。

任何事情都有一个合理与否的问题，即是“度”的问题，而没有对错。老实讲，人到了 40 岁以后，还讲对错，这个人是完全不成熟的。什么是对？什么是错？此时此地此人此事合理，就叫对。换一个人，换一个场所，就完全不对，对错是变动的，不是固定的。但是我们进小学以后，小学老师一天到晚，就讲对错，害死一大堆小孩。所以，我主张小学四年级以前，老师没有资格给学生打分数，你打分数干吗？你最后会害死小孩。

我们父母要仁慈，但不是宠爱。尤其不可以溺爱，你想害死你小孩，你就溺爱他，你就把他捧得天高，他将来就摔得非常重。

不管是老子还是孔子，都没有告诉我们要禁欲。如果禁止所有的欲望，那是不合人性的，不合理的，也不安全，更不方便。所以，我们要节制我们的欲望，但并非要禁欲。一个欲望满足了，会产生更多的欲望。一个欲望满足了，给了我们短短几分钟的愉悦感觉，但是后面的痛苦却是无穷无尽的。

因此，我们一定要在孩子小的时候就告诉他："你要吃饭可以，但妈妈在那边煮饭需要时间，你看爸爸现在也没得吃。我们不妨趁妈妈做饭时，把家里整理整理，好吗？"你要教会他等待。人要有等待的观念。坐火车要等待，坐飞机要等待，坐再快的交通工具都要等待。格物不是说尽量地满足他，尽可能快速地让他得到满足。相反，是要他知道，只有学会克制，你才会快乐；只有克制，你才不会侵略别人。今天的很多孩子，自己有了，眼睛还看着别人的，还要把别人的也抢过来，这就是没有学会克制。

人生短暂，欲望无边，而痛苦，往往源自欲望的不断膨胀。欲望不加克制，不但有碍人的健康发展，甚至还可能使人走向犯罪的道路。因此，良好家风的建立，首先就要让孩子懂得克制欲望，帮助孩子去除坏习惯、坏毛病，真正做好修身的第一步。当然，修身只有格物是远远不够的，还需致知、诚意和正心。

致知是什么？现在有人这样解释：把物一件一件地格，然后知识就越来越充实了。你要那些知识干什么？现在一些有知识的人，却在做害人的事。我请问大家，有毒食品，是没有知识的人能够做出来的吗？没有知识，他根本不知道要加什么东西；没有知识，他一加就被政府抓到了，因为他不知道如何躲避政府的检验。凡是制造有毒食品的，都是很有规模的公司，他们请了很多有知识的专家，这样他们才知道如何以假乱真，如何混过检验，而且就算被抓到，他们也可以逃避法律责任。这种知识，我们要它干什么？

致知其实是在讲《大学》里面“止于至善”的那个“止”，就是说我们把物欲尽量地减少，减少到最后，我们就知道止。“止”是停止的止，但在此处并不解释为停止，而是适可而止。所谓“止于至善”，不是说做最好的，而是做更合理的。因此，格物、致知是指我们每个人都有不同的欲望，但我们要把欲望控制在适可而止的范围内，不要过分。你要想：这个适合我们家吗？会不会增加妈妈的负担？会不会让爸爸很伤脑筋？现在这个时间提出这样的要求合适吗？这才叫致知。致知就是说：我知道在这种情况之下，我可以讲什么样的话，我可以做什么样的事情。然后才有办法诚意。否则你连诚意是什么都搞不清楚，怎么能诚意呢？

如果我们只会背，却连这四个修身的基础都无法很清楚地解释出来，又如何能够做到修身呢？所以，这就是为什么一些考试考高分的人，出来做人做事却很差劲。这是我们应该检讨的事情。

一个人对别人要诚。对别人诚就是对自己诚。什么叫作诚？《易经》告诉我们，最诚的就是天，因为天从来没有失信过，它该下雨就下雨，它从未说我不想下雨，我要整整你们。一些“有知识”的人说，现在是大自然的反扑。那是很无知的看法，大自然怎么会反扑呢？大自然是在痛苦地挣扎，要恢复自己自然循环的本能。这种本能，是一种规律。现在这种规律被我们人为地破坏掉了，我们还说大自然反扑，良心何在？

连“诚”都不知道是什么意思，你如何能诚意？天道是最诚的，所以人要向天学习，等我们跟天一样大公无私了，那就叫“诚”了。诚是对自己，不是对别人。所以，孔子把“诚”叫作“勿自欺”，不要欺骗自己。外国人一般只会告诉你不要欺骗别人，但很少告诉你不要骗自己。全世界只有我们中国人会说你不要欺骗自己。因为中国人最了解，你骗自己，才会骗别人；你不骗自己，就不会骗别人。怎么骗别人？我们可以骗到“欺天灭祖”，欺骗天，把祖先的一切都毁灭掉。现在很多人都在做这种事，只是他自己不知道而已。

做到前面三点，最后就能正心了。一个人内在的德智修养，会直接影响其外在的各种行为，因此人要懂得修身，懂得追求合理，凡事适可而止，不去自欺欺人。这样无论对自身还是对家庭来讲，都是有益的，正所谓“身修而后家齐”。

家里人心要齐

只有把修身做好了，才能齐家。家怎么齐？每个家庭都不一样：人口数量不一样，居住环境不一样，家庭背景不一样，经济状况不一样……没有一模一样的。怎么齐？我们所说的“齐”，指的是这个家里的人，心要齐。一家人齐心协力，就叫齐家。而不是说把每个家庭都搞成一模一样，那不可能，也没必要。

齐心是很难的。齐心从谁开始？从夫妻开始。现在的很多夫妻根本就不是一条心。很多事业颇有成就的女性，都曾跟我说过，她们当年就是因为不服自己的先生，跟他心不齐，认为你能干，为什么我就不能干，你创一份事业，我也创给你看，导致现在搞得不上不下，想收，可惜；不收，这样下去又很痛苦。但是这些在年轻的时候是很难体会到的。时间一去不复返，没有办法重新再来。如果有办法重新再来，我想她们中的很多人都不会为了争一口气，最后争出一条不归路，弄得自己痛苦不堪，回不了头。

齐，需要夫妻互动。我们同甘共苦，我们不羡慕别人，我们不跟别人比。别人怎么说我们是他们的事情，我们走自己的路就好。其实，夫妻是来共患难的，不是来共享福的。而且，没有共患难，后面哪里有福？尤其像我们那个年代，每一家都穷，那你的福在哪里？一生下来就死了，回天堂了，这是福。你只要活着，就得共患难。一个在家患难，一个在外患难，都在共患难。患难夫妻心才会齐。

有钱是好事也是坏事。只有你们有钱也齐心，没钱也齐心，那才是真正心齐。夫妻心一齐，对子女就不会偏心。很多人都感觉不到，因为现在一家通常只有一个或两个孩子，怎么会偏心呢？其实我们有时候真的会偏心。大家自己去想想看。

白头偕老才是夫妻最大的成就。为什么？一句话就可以解释，大家对这句话也很熟悉，叫作“少年夫妻老来伴”。人的少年时期是很短暂的，而且那时候都很辛苦，所以那时候的夫妻才是夫妻。后面大半段时间其实是在做伴。等到没有伴的时候，你就会后悔当年为什么要离婚，就算吵架也是个伴啊。等到要吵却找不到人，那时候你后悔有什么用呢？

婚姻的幸福、家庭的和睦，都离不开夫妻二人的齐心协力，只有夫妻齐心，才有助于家业的兴旺和子女的健康成长，这是建立良好家风的关键环节。当家风建立后，就应当在父母的言传身教中世代传承下去。

要把家风传下去

传承，这是我们现在最欠缺的。传承就是一代一代把家风传下去。我先讲一句比较严重的话：我们的社会，我们的伦理，我们的家庭，就是因为当中有一代人放松了，才会让整个链条脱节、断裂，造成我们今天这么痛苦。那代人是有意还是无意的？我不知道。但我想他们是好意，只是不知道自己做了件大坏事。我们经常好心办坏事，自作聪明，好像别人都糊涂，只有自己看得到，然后曲解、扭曲圣贤的话，最后搞得不可收拾。这就好像传染病一样，传染病一来，不知道多少人要死掉，经过好几代人都恢复不过来。所以，下面的几句话一定要一代一代传承下去，否则，我们几代人的努力又将毁于一旦。

第一句话，生儿子不教害自己全家，生女儿不教害别人全家。你宠爱儿子，把他宠坏了，最后他把家里搞得一塌糊涂，全家都遭殃。你宠爱女儿，把她宠坏了，然后将她嫁到别人家，最后别人全家就会被她搞得一塌糊涂。

第二句话，儿子教不好自己家七代受害，女儿教不好别人家九代受灾。九代，而不是一代。娶了一个不好的媳妇进来，会搞得家里几代都受灾。其实我们中国人是非常有智慧的，我们知道教女儿绝对不能像教儿子那样，对女儿的教育要特别重视，因为女儿教不好是很伤脑筋的。

现在老是提倡男女平等、男女受同样的教育、男女同校，搞得男不像男、女不像女的，那是人类的悲剧。大家放眼看去，现在有几个男性没有女性化倾向？有的歌星明明是男的，却像个女的，一点儿阳刚之气都没有，还到处去展示，那叫没有家教，没有家风。

很多事情，大家只要仔细想想，就会发现问题很多。讲到这里，我们就知道，下一代的婚姻是上一代的责任，现在很多家长总是说，我们也没有办法，他们都不听我们的，讲究自由恋爱，孩子长大了就是这样的。那其实是放弃责任。如果这样，爸爸就不像爸爸，妈妈就不像妈妈了。一代人稍微一放松，几代人都跟着彻底失败。

每次讲到这里，我都很惭愧，因为我感觉我不如我爸爸。我爸爸的那种坚持，我年轻的时候也看不懂。我觉得他一点儿弹性都没有，总是不行就是不行。后来我年纪越来越大，就越来越感觉到，做人真是不容易。

跟外国人交流，你会感觉到，外国人根本就是放纵。父母可以当着孩子的面拥抱、亲吻。那文化在哪里呢？中国人为什么大门可以不关，大户可以不闭，但房间门一定要关？孟子有一次回家，看到他太太衣冠不整，就很不高兴，他一定有他的道理。现在很多外国人，他们在飞机上穿得比在家里还随意。说难听点儿，万一遇到空难，我们最起码还有衣服可以保暖，他们那身穿着冻都冻死了。所以，在你没有搞清楚以前，不要盲目地去学。

中国人治家、齐家是非常严谨的。家都治不好，怎么出来治国？很多人就开始质疑了，你把家治好，就可以治国吗？那当然。中国人的家，是由小家庭慢慢变成大家族的，所以我们叫大家长。一家大公司，它的总经理就叫大家长。我们连国家都是家。国家是大家。外国人就搞不懂，为什么国家要叫家呢？我们不像西方人，是那种小家庭。

如果你真的了解西方人，就会感觉到西方人的一生，其实就是一个男人跟另一个男人的战争，始终就是两个人的战争。中国人不会。中国人牵来扯去一大堆人，怎么会是两个人的战争？西方人到最后就只有夫妇两个人，没有别人。有孩子跟没有孩子一样。孩子离开家了，他们就孤苦伶仃。所以，我们要考虑得长远一点儿，不要只看到眼前。现在一些年轻人，一到国外就不想回来了，为什么？因为他看到物质了。可他没有想到另外一面。所以，作为父母，从小就要告诉自己的孩子，物质是不可靠的，还要让他读读《道德经》，让他明白“五色令人目盲”。

我们听音乐会，听什么？音乐是让人心平气和、情绪稳定的。可现在的很多音乐会不是这样的，它吵得你坐都坐不住，那算什么音乐？所以，如果你的孩子要去听那样的音乐会，你会不会替他捏一把冷汗？可现在一些大人不是，他们也跟着孩子一起疯。这些人都是没有好好反省自己，不知道自己到底在干什么。

很多上了年纪的人跟着年轻人学上网，那绝对会输给年轻人。你跟年轻人比这个，怎么可能不输给他们？你叫他们做就好了，你跟他们比这个干什么？大人要有大人的样子，孩子才会成为孩子的样子。你叫他做，他以后就会听你的话；你跟他竞赛，你永远会输给他，而且他还会看不起你。他会认为，爸爸算什么？落伍，旧头脑，没用。然后他到了国外，就赖账，不回来了，因为可以不奉养父母，他多轻松，你多倒霉。

我不算账，我只是把利害关系说出来，让大家自己选择。因为人生就是四个字：自作自受。

家风要从夫妇开始

家风是从哪里开始的？我们不要去做考据，追溯到伏羲、黄帝等生活的时代就太费神了。我们就简单明了，家风是从夫妇开始的。为什么不是从父子开始的呢？因为有夫妇，然后才有父子；有父子，然后才有君臣；有君臣才有兄弟；最后才有朋友。古人会这样讲，一定有他的道理。

夫妇是家庭建立的开始。传说当中的伏羲跟女娲的故事，是不是真的？不知道。但是至今为止，男女一成家，他们就开始要生小孩儿。然后慢慢地，人口增多，家庭就必须有个家风。家风说简单一点儿，就是规矩。我们家的规矩，就是这样，要不然我为什么要当家长呢？这个不是霸道，也不是专制，这是负责任的表现。

今天的家长如果有责任感的话，就立个规矩。定规矩时，全家都要参与其中，要经过大家的互动。如果大家都觉得合理、安全、方便的话，就把这个规矩一代一代地传下去，这便是家风。而不要炫耀自己有多少财富，家里有多少人当过大官，家里的小孩儿有多可爱，把希望都寄托在这些东西身上。大家只要一比就知道，这些东西虽然样样都重要，但是家风最珍贵。

今天我们的问题，不是社会不好造成的，也不是因为学校不好，而是家里已经没有规矩了。全世界的人都很羡慕我们，觉得你们中国人，怎么在短短30年里，就能够把一个国家治理到这样的地步？这放在别的国家是很难做到的。但是，全世界的人对我们也有一个共同的期待，就是希望我们中国富强以后，能够多分一点儿心力来提高中国人的素质，因为中国人很快就会走遍全世界。到时全世界的人都会看到我们，他们会感觉到，中国人果然值得他们模仿，果然值得他们学习，果然值得他们去欢迎，他们很乐意跟我们在一起，这才是大家都乐于看到的事情。

中华文化重在实践，我们一定要言行一致。孔子说，听其言还不够，还要观其行。他是不是真的做到了？这个比较重要。光嘴上会讲，往往不可信。因此，做夫妻的一定要想得长远一些：如果我有了自己的小孩，我要怎么样来培养他们。

大家要注意，小孩子很天真，但是他们现在不大容易受到父母的感染和熏陶了。这是现在人很可怜的地方。现在父母要发生作用，比以前困难得多。因为电视、网络侵入家庭以后，就没有什么家庭教育了。小孩子整天看电视，他们认为电视上的、网络上的东西才有趣，才是对的，就去模仿它。如今，父母的威力是抵不过电视和网络的。

我们到美国人的家庭做客，像我这样的人，想开电视看看，我都开不了。美国的父母给电视设置了重重关卡，就没打算让人开。你会觉得很奇怪，有电视为什么不让小孩看？因为一看电视，所有的坏东西就侵入到家庭里面了。我们要记住一句话：凡走过的，必留下痕迹。你不要认为听听看看无所谓，电视是最容易侵入的。不错，电视是一种有效的传播工具，但是我们没有好好地利用它。以前，虽然没有电视，但是我们可以通过各地方的戏剧、歌曲来进行熏陶教育，而且我们的戏剧歌曲都是讲忠孝节义的，可现在全没有了。虽然我们有了这么有效的工具，但是我们把好的内容丢掉了，认为那是过去时。

我们小的时候，挤在那个戏台底下，眼巴巴地看什么？就看四个字而已：忠孝节义。而且看得严肃认真，从不嬉皮搞笑。怎么可以搞笑呢？人类只要一搞笑就没有前途了。现在的父母，真的要好好反省一下。

儒家告诉我们的道理是什么？就是不讲那些不合理的话，叫作言不及义。只要你的话，不符合“义”的要求，你就不应该讲。但是现在的父母，整天都在言不及义。你当着自己小孩的面，就说：你真是我的宝贝。但是我告诉你，那只是你嘴巴上的宝贝，不是你心中真正的宝贝。我们现在已经心口不一致了。有些父母在小孩面前不是谈股票，就是谈哪一部电影好看，再者就是看足球、看篮球的时候随口骂人。请问，你这个父母做的是什么榜样呢？父母如此，小孩子怎么能学好？现在的小孩很可怜，有父母跟没

有父母差不多。现在很多父母把小孩当家畜一样养，给他吃的，给他穿的，给他用的，长大给他一张卡。说到底，小孩子的堕落，实在是跟父母有很大关系。

找到家风里的那个“道”

《易经》是中华文化的总源头。《易经》给我们的是什么？《易经》给我们的不是知识，是思路！《易经》的思路产生出的中华文化也跟西方不太一样，所以我们对各种事物的看法跟外国人不一样。因为各民族的思路不同，大家观察同一个地球，就会有不同的心得，有不同的行为表现，从而产生不同的文化。

大家觉得阴阳是两个东西，还是一个东西？只要大家会回答这个问题了，大概就懂《易经》了。《易经》是讲阴阳的，但是阴阳到底是两个东西，即一阴一阳，还是一个东西呢？阴阳当然不是一个东西，因为它有一个阴一个阳，可是阴阳也不是两个东西，因为阴是阳变来的，阳是阴变来的，即阴变阳，阳变阴。我们用一句话解释，叫作一而二，二而一。

我们经常听到人家说，这件事情就是一而二，二而一而已。但是很多人听不懂，追问：到底是一还是二？这些人都是受了西方的影响。西方人把一和二分得很清楚，而中国人没有。中国人认为数字是活的，大自然里所有的数字都是有生命的。比如现在，这里有十只羊，过了一会儿，就可能跑掉两只，只剩下八只了。

现在你家只有十棵树，但可能过一阵子，又长出两棵来。可见，中国的数是经常变化的。

西方的数字是死的。如果我们问西方人，那边有几个人？他会仔仔细细，要看得很清楚，发现有两个，他就说两个；三个，他就说三个。中国人不会这样确切地回答。同样的问题问中国人，中国人会回答，三五个。“三五个”永远是对的，因为现在虽然有五个，说不定一会儿就跑掉两个，剩下三个了；现在虽然只有三个，说不定一会儿增加了两个，变五个了。可见，“三五个”这个答案包含了可能发生的变化，最后呈现的结果才算确切的答案，何必急着给出固定答案呢？

但很多人就因此说中国人这样就是糊里糊涂、含含糊糊，其实不能这样讲。一而二，二而一，三五个，都是《易经》里面很深刻的道理，大家要好好思考，才能悟通，才会懂得《易经》所蕴含的博大精深的道理。

所以，中国人做学问，只要关键的那一点突破了，悟通了，就什么都懂了，因为所有的系统都有共同的脉络，“一窍”通了，所有的就都通了。《易经》是世界上最完善的系统，它其大无外，其小无内，所有的东西都包括在里面。所以，为什么古代的人，一辈子就读几本书，天文地理都知晓了，就是因为贯穿所有学问的道理只有一个，悟到道理，就什么都通了。

孔子讲“吾道一以贯之”，就是讲他的学问也是从太极一路衍生下来的。一次上课时，孔子讲“吾道一以贯之”，弟子们不明白，却也不敢问。下课后，大家就问曾子：老师所说的一以贯之，到底是什么？曾子回答说："忠恕而已矣。"（出自《论语·里仁》）。其实，"忠恕"二字，并不能代表孔子整个的道。所以孔子有点不高兴，但曾参当时还很年轻，孔子没有当时就骂他不对，否则会打击到他的积极性。所以在另外一个场合，孔子在评价四位弟子时，就说"参也鲁"（出自《论语·先进》），说曾子很迟钝。

孔子所讲的"吾道一以贯之"这句话用在家风上是最合适的。这句话其实是说：一贯穿我们的家风，一切都是"一"。所以家是由很多个"一"构成的。我们要把很多的"一"合起来形成一个大"一"。很多小"一"如果不能汇成一个大"一"，就表示它们彼此有矛盾，有冲突。那个不叫"一"，明显就是"二"了。

中国人对"二"都很害怕，有二心，很可恶。"一"，很纯洁，一心一意，一心一德。但要得到这个"一"很不容易。"一"其实是什么？"一"就是道。所以，我们每一个人都要把道先弄清楚，然后把道在家里面打好基础，使我们的家风成为道所树立的一套规矩。有这个概念的话，我们的家风就很容易重振了。

其实，在我们的历史当中，在我们的家族史里面，每一家都曾拥有很好的家风，只是一段时间后就败坏掉了。这也是我们要研讨的一个重点：是不是每家的家风都会起起伏伏？有没有办法使它平稳一点儿？是不是每一个家庭都是"富不过三代"？如果是的话，那就算了，反正一、二、三就结束了，一、二、三再来。

我觉得应该不是这样的。“吾道一以贯之”，浓缩成四个字，就是“以一贯之”，用“一”来贯通一切。“一”，就是道。

所以，大家可以想一想：你们家的道在哪里？对于中国人来说，什么都是道。对待上司，有对待上司的道；对待下属，有对待下属的道：对待顾客，有对待顾客的道，叫作待客之道；当主人，有当主人之道。大家把所有的道好好想一想，然后把自己家里的道整理出来，很快就会收到用“一”来贯通你们家良好家风的一个非常好的效果。

不要总是求新求变

中国人因为有一部《易经》，自古以来我们就很懂得变。什么叫作懂得变？就是一个懂得变的人，能够变到好像没有变一样，这才是真正会变的人。如果你一变，就被人家抓住了，那你还怎么变？根本就变不了。

《易经》里面有一句话，叫作“不可为典要”。不可为典要，就是说不能把经典当作不变的东西。要根据现实情况做调整，唯变所适不是单纯的变，而是重在适时调整。

《易经》有两个主要的意义：一个叫作不易，一个叫作变易。变易，就表示现象是千变万化的；不易，就告诉我们，这些千变万化的现象后面有一个永远不会变的规律。自然现象是变化多端的，但是自然的规律是自古以来从来没有变过的。一年四季春夏秋冬，循环往复，始终没有变过，但是每年春天来到的时间都不太一样，每年秋天的长短也不太一样。再以一天为例，昼夜交替，日出日落，从来没有改变过，但是有时候太阳出来得早，落得晚，有时候太阳出来得晚，落得早，表现在每天的时间长短，也是不太一样的。这就叫作有所变，有所不变。

现代人最大的危机，就是一些人很喜欢的那四个字，叫作“求新求变”。殊不知盲目求新求变，会害死我们的子孙。《易经》没有讲过要求新求变，《易经》只说继旧开新，要从旧的开出新的来，而在开出新的过程中，旧是根本，不能忘，这个根本一忘，就是离经叛道。

我们现在所讲的求新求变从哪里来的？从美国来的，美国人是讲求新求变的。为什么美国人可以求新求变，我们不可以呢？我们分析得很清楚：美国人的个性是不会有太大改变的，他们从小到大一个样，他们的生活始终一个样。很多事情，美国人很容易做，但是换作我们中国人就很难做了。美国可以有一条街，这边的区域是有钱人住的，那边的区域是穷人住的。穷人不能住到富人那边去，富人不会住到穷人这里来。我们做得到吗？做不到。美国人，当收入高到一定标准的时候，就要搬到富人区去住，就要过富人的生活。但是如果失败了，就要乖乖把富人区的房子卖掉，住回穷人区。这种划分是很严格的，表面上很自由，实际上完全不自由。

我有一个很好的朋友，他在纽约住了30年了。他所住的那条街其实已经很不错了，但是他想搬到另外一条更好的街上去。在美国，遇到这种情况，你有钱也没有用，你首先要去向社区委员会递交申请，如果社区委员会不批准，你就买不到那里的房子，就搬不进去。当然，社区委员们不会直接说：“因为你是黄种人，所以我不让你搬进来。”他们会告诉你：“如果你真的想要到我们这里来，我们首先要到国税局去查查看你有没有诚实地纳税……”他们用了很正当的理由不让你进去，也使你无话可说。

美国人很守法，就是因为他们的脑筋很死板，规定怎么样，就怎么样。我举个例子大家就知道了：在美国，一到开学的前几天，小孩子就要买衣服。美国学校是没有校服的，学校不会规定要穿校服，但是这一天学生都会自动地穿同样的衣服，这是很奇怪的事情。美国人是少数服从多数，只要多数人都穿那样的衣服，大家就全部都穿那样的。所以美国的商家一定要做广告，一定要打响品牌，目的就是要占领市场。如果有两家店都是卖学生服的，名气大的一家顾客特别多，排队排得像长龙；而另一家没什么名气，就连一个人都没有。这样的民族，当然可以放心地讲求新求变。可是，我很坦白讲，再讲一百年求新求变，它还是不会变的。

中国人自古以来，没有一个爸爸告诉小孩要求新求变。我们听到的、见到的，都是说不要乱变。自古以来，中国的父兄只跟子弟讲“不要乱变”，可是再怎么强调也没有用，中国人还是会乱变。中国人天生就喜欢变，一个如此喜欢变的民族，还叫它求新求变的话，到最后是要自食其果的。我始终没有说中国好美国坏，也没有说美国好中国坏，因为文化是没有好坏的，只是它属于哪一个民族，就会使得那个民族自然而然地走上哪一条路。

德国人在欧洲，是非常特殊的，他只看交通标志，其他一概不管。只要是绿灯，就算车前有人在通行，他还是要通过，轧死人活该。中国人敢这样吗？尽管已经绿灯了，但是如果车前面有人晃来晃去，中国人还是不敢驱车冲过去的。

中国人懂得变，能够变得好像没有变一样。比如，一家公司换了一位总经理，他第一句话一定讲“一切照旧”，并让所有的人各就各位，而半年之内他就把人全换了。没有哪一个人敢一上任就说“我三天之内要把所有人都换掉”。不信，你去试试看，马上就被人家拉下去了。没有哪一个人一上台就说要换人，都会说，一切照旧。其实，是要换人还是一切照旧，大家心知肚明，过不了多久，该走的，自己就走了；该调整的，自己请调了。这是大家都知道的，没有必要明说。

对中国人，你只要明说要变，你就完了，你自己就先被变掉了。而如果你讲不变，其实大家也都知道你要变，然后就会适应你，看你怎么变。五千年来，中国一直都是这样的，今后也不会改变。

求新求变不是中国人讲的话，中国人只能讲持经达变，就是有原则地应变，不可以没有原则地乱变。我们现在很多都是没有原则地乱变。比如电梯，所有人一走进电梯，第一个动作就是转过身来，没有人会一走进电梯就站在那里面对墙壁不动的，否则，你就变成达摩了，因为只有达摩才会面壁。任何人一进电梯，都会很习惯地转过身来，所以电梯的按钮一定是安装在前面。可是有一次，我乘过一次电梯，那种电梯真是鲜有。我们走进去，发现前面没有按钮，不知道按钮在哪里。旁边就有人说：“这个电梯真厉害，全自动的，连按钮都不安了。”后来我们才知道，那个电梯的按钮在旁边，偏偏我们之中的一位山东大哥站在那里，把它整个遮住了，所以我们怎么找也找不到。

现在你随便进一家酒店，晚上能让你好好睡觉的，几乎不可能。现代人要么是没有条件去要求，要么是没有那个意识去要求。我住过很多的酒店，其中有个酒店我看着什么都好，可等到晚上睡觉时，才发现糟糕了，天花板上面的两个灯，怎么找都找不到开关。于是我就打电话问服务台：“为什么天花板上面的灯没有开关？”客服人员说：“那是我们的夜灯，是关不了的。”他们把夜灯装在天花板上面，跟星星一样，这让人怎么睡觉呢？这不是乱变是什么？

再比如水龙头，以前的水龙头都是拧的，了不起有点差别，就是要么顺时针拧开，要么逆时针拧开。后来求新求变，偏偏设计了一种按压式的水龙头，没过多久，又变了，又有新的花样了。所以我们每一次使用水龙头，就好像探险一样，拧也拧了，按也按了，扳也扳了，就是不出水，然后准备要走了，突然被喷得一身都是水。所以我常说，今天的设计师，要改名叫作乱变师，所谓的设计就是乱变的结果。

我们必须要说，中国是没有宗教的，所有的宗教都是外来的。为什么在所有外来的宗教里面，我们最早接触、最容易接受的是佛教？因为释迦牟尼有几个主张跟《易经》是吻合的，绝对可以用佛经来解释《易经》。当然，因为《易经》早而佛经晚，所以用《易经》来解释佛经也是可行的。释迦牟尼佛讲：我传教49年，什么都没有讲过，你们不要把我讲的话当作不可变的东西。这跟《易经》所讲的“不可为典要”很吻合，都是提倡唯变所适，就是要根据现实情况做调整，唯变所适不是单纯的变，而是重在适时调整。调整跟变是不太一样的。

很多会开车的人都有这样的经验，当你行驶在一条笔直的高速公路上面，你绝对不敢因为公路很直，就抓着方向盘不动。路再直，方向盘还是要动一动的，不动的话，车子就歪出去了。方向不变，但是为了维持方向不变，你必须要时时刻刻地变，这叫持经达变。尽管行驶在笔直的公路上，由于车轮与路面有摩擦力，会使得车子动来动去，所以还是要时不时地动动方向盘。

中国人对自然现象是最了解的，自然现象会告诉我们：所有的变，后面都有一个不变的东西，有不变才有变，有变就一定有不变。我想请问大家：是抓不变的比较轻松，还是抓变的比较轻松？

以我自己为例，我是学工科的人，大学的时候学的是真空管，可能很多年轻人都没有听过这个专业。真空管，在我上大学的时候是很尖端的科学。可是毕业以后，我去当兵，才一年多的时间，回来后发现真空管全不见了。因为工业变得非常快，科学变得非常快，替代真空管的就是电晶体。怎么办？我之前学的那些都没有用了。不学电晶体，又能怎么办呢？于是，我只好去学电晶体，可是还没有学会，电晶体又没有了，就进入了半导体时代。我当时就想了：我还要不要学？学工太累了，今天学了，还没用上呢，明天就变了，就要学新的了，后天又变了，又要重新学，我难道就这样学一辈子？干脆不学了，管它电晶体还是半导体的！于是我就改学哲学，因为哲学永远不变。哲学一共只问三个问题，全世界的哲学一共只问这三个问题：人从哪里来？死了以后到哪里去？人为什么活着？除了这三个问题，其他的统统不管，我觉得学哲学很愉快。

其实，哲学才是根本的东西。如果你不知道自己从哪里来，很多问题你是没有办法解决的；如果你不知道自己死了以后到哪里去，很多事情你也是搞不清楚的；而最要紧的是，如果弄不清楚人到底是为什么活着，更是枉在人世走一遭。

不变有不变的重要性，变有变的重要性，中国人最厉害的就是这两者我们会兼顾。变与不变，西方人是两者选其一，中国人是把两者合起来，兼顾。这句话大家真的要好好想一想：西方人要就是要，不要就是不要；中国人要就是不要，不要就是要。西方人好就是好，不好就是不好；中国人好就是不好，不好就是好。这样的话，我们一定要好好去想清楚。为什么中国人会认为好就是不好，不好就是好？因为好里面有不好的部分，不好里面有好的部分。

还有一句很重要的话：中国人说赞成跟说反对，是完全一样的——赞成，也就是赞成合理的部分，不合理的部分，照样反对；反对，也不过是反对不合理的部分，合理的部分，怎么会反对呢？要与不要也是如此——要，也只是要合理的部分，不合理的部分还是不要的；不要，也只是不要不合理的部分，合理的还是会要。所以要跟不要是一样的。这样我们才知道，中国人为什么不能像西方人那样直截了当地讲“不”。因为那样讲，会得罪人，既然“不”跟“要”是一样的，又何必得罪人要讲“不”呢？西方人听话，是听讲的内容真不真，对不对。中国人不是，因为真跟不真，对跟不对，是完全一样的。中国人听话，是听对方跟自己是不是同道。这一点体现出东西方完全不同的两种文化的差异。

我常常问周围的人：“《论语》中，孔子说自己‘发愤忘食，乐以忘忧，不知老之将至云尔’，你觉得一个人发愤图强好不好？发愤忘食努力读书好不好？”如果回答说“好”，那是笑话；如果说“不好”，那更是笑话。这也是为什么中国人老是摇摆不定的道理。好与不好，要看读的是什么书，如果读的是正当的书，当然要发愤图强，要发愤忘食；如果读的根本是乱七八糟的书，还发愤忘食，那不是害死自己吗？所以，任何事情都是有条件的，不可能没有条件。

我们读《易经》就能够知道，世界上没有纯粹的好，也没有纯粹的不好，凡事都有好有坏，好坏掺杂在一起。所以，中国人要反对一个人，不可以像西方人那样直接否定。西方人可以直截了当地说："我的意见跟你不同。"中国人一定要说："我的意见跟你完全相同，只不过有这么一点不同……"这样对方才听得进去。可见，我们的文化跟西方文化不一样。

跟其他国家的人讲话都好讲，跟中国人讲话是比登天还难。因为稍微一个词用错，就全盘皆错。现在很多人结婚，全身都穿白色的，说难听点，弄得跟办丧事一样。有时候还穿麻的，中国人只有死了人才穿麻的，叫作披麻戴孝，自古以来，中国人结婚没有不用红色的。那我们有没有必要反对结婚的新人穿白色礼服呢？我们没有必要反对，这是非常重要的，因为反对就是赞成，赞成就是反对，那又何必反对呢？我们只是说，通例是红的，你要走特例的话，我们尊重你，但是你不要以为自己可以改变大家。

什么事情搞清楚了以后，再决定自己要不要学，自然可以得到大家的尊重。现在很多人是在乱学，尤其是那些什么都不懂，盲目跟风的人，很可怜。我见到很多人穿的 T 恤，上面写的那些英文实在是不堪入目。一个女孩子 T 恤后面写上 Take me，这个女孩子不倒霉才怪！在美国，Take me 的意思是说，随时可以把我抓去上床。我在美国也看到，有的女生穿的 T 恤，前面写着一行汉字：我神经。你仔细一看，后面还写着：请勿在此地小便。因为她不明白是什么意思，只是看到那是汉字，因为好奇，或者觉得好玩，就直接拷贝下来，写上去了，结果就闹了大笑话。这就叫乱变。

人不可不变，但也绝对不可乱变。这是老子说过的话。对任何人的话不可不信，但也不可全信。中国人为什么老是摇摆不定？因为阴阳互动就会摇摆不定。现在有太多根本不了解中国人的人，批评中国人，就使得我们自己束手无策了。阴阳本身就是摇摆不定的，阴极就会成阳，而阳极就变阴了，这是物极必反的必然结果。

任何事情不能求到百分之百。如果有人说“我是百分之百的男人”，就是告诉我们，今天晚上 12 点，他就变成女人了。哪里有百分百的？没有百分百，差不多就行了。

差不多是很厉害的，我一直在跟大家探讨这个问题。有一个书法家，写了一幅很好的字，人家说：“你写得真好！”他怎么回答？他只有回答：“马马虎虎。”一个工匠把一个东西做得非常好，大家很欣赏，说：“你技术真精湛！”工人回答：“马马虎虎。”中国人只有把一件事情完成得很漂亮，大家都很满意，才有资格讲马马虎虎。其实，隐藏在马马虎虎背后的那句话更重要。一个人写了一幅很满意的字，你赞美他的时候，他说：“马马虎虎。”但是你心里要清楚：他之所以能够写出这么“马马虎虎”的字，就是因为他一点不马虎。马马虎虎是从不马虎的。我们现在将马马虎虎跟马虎混在一起了。只有一直不马虎，才会终有一天能够做到“马马虎虎”。

家风里要强调生活

人最要紧的是生活。这一点在家风里面也是要特别强调的。

我们现在很多人不了解这一点，认为最要紧的是赚钱，这就是不懂生活，根本就没有生活，这是值得我们好好想一想的。如果没有生活，其他都是没有意义的，娱乐是为了生活，工作也是为了生活，写字，画画，锻炼身体，统统是为了生活。我们现在在这一点上乱套了，错把工具当目的。赚钱不是目的，赚钱是工具，是手段，所有的花样，其实都是手段，不是目的，目的是要过正常的生活。所以人活着，生活是最重要的。

而生活中最要紧的，是人情。我们现在一听到人情，就觉得它是包袱，就觉得西方人不讲人情，多好！其实，人而无情，就跟动物没什么两样了。但是，还有一句话，千万要记住，我们之所以吃尽苦头，就是因为这句话没有抓住——人情最要紧的是合理。所以中国人讲求合理的人情，并透过合理的人情，来过正常的生活，这就叫中华文化。

中华文化有变的部分，有不变的部分。如果统统变，变到最后就会没有了根本；如果统统不变，那就跟不上时代的脚步，终究会被淘汰掉。我们有几个基本不变的东西：

第一个，民以食为天。老百姓如果连饭都吃不饱的话，还能要求他什么？所以中国历代都很重视老百姓的温饱问题，温饱问题是第一优先要解决的。这样我们才了解，中国人见面，二话不说，先问“吃了吗”，“吃饱了没有”。中国人说“吃了吗”，是关心的意思，跟吃饭本身没有关系。如果你问别人吃了没有，对方说还没有，你很少会接着说“那我请你吃饭”。你吃饱了没有，意思就是说，你生活正常吗？你情绪好不好？可见，虽然问的是“你吃饱了没有”，但目的是在问“你情绪好不好”。你问他吃饱了没有，他说刚吃过，你就知道可以跟他继续谈问题。但如果你问他吃饱了没有，他说“哪像你那么好命”，你就知道他此时心情不好，有什么事还是稍后再谈比较好。

中国人不会开门见山地谈事情，除非双方交情很深厚。我们所讲的第一句话往往都是试探的，不像西方人有什么就讲什么。中国人要讲一件事情之前，会先兜个圈子，把情绪稳定下来。因为我们知道，只有在情绪稳定的时候，中国人才讲理；当情绪不稳定的时候，中国人是非常不讲理的，可以说是蛮不讲理的。因此，每一个中国人，都要记住以人为本。

以人为本是第二个不变的东西。以人为本，就是把对方当人看。现在的医生，最大的问题就是不把人当人看，完全把人当病人看。你去找医生看病，医生一见你就说“你是病人”，这就是没把你当人看。医生如果能把找他看病的人当人看，所产生的效果是不一样的。病人一进医院，医生就让病人感觉到自己是来看病的，病人的情绪就会很不安宁，对病情的治疗也会有不好的影响。

现在也有很多的护士不把人当人看，没有做到以人为本。一大早拿着针筒来了，客客气气地说："伯伯，该你打针了。"弄得病人全身都紧张，还没有给他打针，他就疼得要死。这不是好的护士，不是以人为本的护士。以人为本的护士，进到病房先说："伯伯，你今天气色很好，医生说不必再打针了，慢慢也能康复。"这样的话，病人整个情绪都会很好，很稳定。然后她再接着说："如果你想好得更快一点，是不是再打一针？"病人就会很痛快地答应，什么事都没有了。不以人为本的护士，前面的暖身运动不会做，就是把对方当病人，不把他当人。以人为本的护士，把对方当人看，会专门兜一个圈子。记住，四个字：事缓则圆。

我是研究管理的，我要很认真地说一句话，现代化的管理，就是不把人当人看待，所以弄得现代人很惨。现代人在这种管理模式下，没有了人格，只剩下位格。一见面，就说"总经理好"，打招呼的方式就使得我们没有了人格，就把人区分成总经理和基层的员工，实际上，两者都是人，不该有高下之分。而在现代人的脑子里面，没有人的存在，没有人格的存在，只有位格，在这种思维引导下，创造出的一切都是没有价值的。人之为人，首先要互相尊重对方的人格。

我讲个故事给大家做参考。有个大老板，想去菲律宾投资，他居然问他公司那个扫地的人，说：“老朱，我们公司要去菲律宾投资，你觉得怎么样？”老朱说：“老板，你别开我玩笑了，我懂什么？我只会扫地。”老板说：“没有关系，你的意见我很乐意听，讲讲吧。”当时我给这位老板当顾问，我就明知故问：“这种事情你为什么问一个扫地的？”老板说：“这招很管用，虽然我不会笨到去听从他关于投资的意见，可是我这样做就把他当人看了。我问他的意见，他会觉得受宠若惊，很高兴，跟他的亲戚朋友吃饭喝酒的时候，他会说‘我们老板要去菲律宾投资，问我的意见，我说好他就去了，果然赚钱了’，以后他扫地会扫得格外认真，扫得更干净。”这就是把人当人看的典型案例。

中国人最懂得人性，所以我们叫人性化的管理，我们不像很多其他国家的人，把人当机械看。一见面就问人家工作做得怎么样的人，就是不把对方当人看；一见面就开始要工作的人，就是不把自己当人看。早上大家上班的时候，彼此寒暄几句，关心一下，然后才开始工作，效率会很高，不在乎那五分钟十分钟的。现在的人一分一秒都要争，搞得大家都不像人。

今天人类最大的问题，就是没有了自己。现代人把自己弄到了只能动不能静的地步，只要安静下来，就会发慌，就无所适从，能动不能静，对身体健康当然会有重要影响。按照正常情况，人可以活到 125 岁，但是现在能够活上 100 岁的，太少了。这都是我们自己害自己，不是别人害的。

所以，我们要注意饮食、养生和保健。我在餐厅或别的地方就餐时，只要听到旁边有人讲怎么养生，要吃什么菜的时候，我都是很不以为然的。因为凡是会这样讲的，大概都是很外行的，况且养生对于每个人都是不一样的，哪能一概而论呢？西方人把每个人都看成是一样的，所以他们说，每人每天要吃一片维生素。其实这是很大的错误，因为每个人所需维生素的剂量是不一样的，每个人所欠缺的元素也是不一样的，怎么可以大家都吃一样的东西呢？西餐也是如此，一人一个盘子，只吃一样东西，点牛排的，就只能吃牛排，要鱼排的，就只能吃鱼排……我们把这叫作套餐，就是一套固定的餐饮，这对人体是不合适的。

要知道，天底下没有两个人是完全一样的。所以我们中国人吃饭的时候，把菜盛在不同的盘子里，自己想吃的，就多夹一点，不想吃的，就少夹一点，从而拉长补短，自己得以适当斟酌。

其实，养生是再简单不过的事情了，不是什么高深的学问。第一，要吃当地生长的东西。老实讲，老天会让一种东西生长在这个地方，就是因为这个地方的人缺乏某种元素，而这种东西恰好能给这个地方的人补充这种元素，这是最简单的道理。现在人喜欢吃引进的东西，这个是从墨西哥进口的，那个是从意大利运来的，而大部分是假的，相信的人只能自认倒霉了。人类的互通有无，其实不应当着眼于这些地方。该吃辣椒的地方的人，就要吃辣椒，不然身体不会好；但当你到了不该吃辣椒的地方，就要少吃辣椒。西瓜就是要夏天吃的，你要冬天吃西瓜，那你吃坏肚子，也只能怪自己。在什么时机，在什么地方，使什么东西生长，都是有讲究的，都是自然形成的，我们为什么去破坏呢？

第二，要吃当令的东西。现在不是了，一种作物明明已经到了收割的时令，我们为了赚钱，故意延长它的生长期，或者让它的生长期提前结束。这个用我们中国人的观念，就叫逆天行事。逆天行事的结果，谁会倒霉？自己一想便知。

我祖父是中医，我从小跟随在他身边，他说过的一句话给我留下了很深刻的印象。他说："你这一辈子只要记住，什么东西都少吃一点，就够了。"我当时年纪小，不敢问为什么，等我到了十几岁，就问他："为什么少吃一点，就没有问题了？"他说："就算你吃的东西有毒，你少吃点，中毒的量就不够，你也会没事。"今天能吃的东西品种太多，我们无法知道什么东西有毒，什么东西没毒，所以只要每样东西都少吃一点，就算有毒，每样的毒都不够致死，最终那个毒就会自然排出体外。如果老吃一样，万一它有毒，你就会因过量服食而中毒。所以，千万记住，不管什么东西，都少吃一点，就不会有什么问题。

真的了解了中华文化的人，会明白养生只有三个秘诀。第一个，观念要通，观念不通会害死自己。讲一大堆理论的人，都是观念不通的人，养生不是那么麻烦的事情。第二个，二便要通，就是大便小便要通。你不能小看这二便，只要有一个不通，你就要小心了，它是会致命的。为什么大便小便这么重要？因为这种事情没有人可以代替你做。就算你再有钱有势有地位，该大小便的时候，还得乖乖地自己去。第三，就是气血通。只要气血通，人就没有大问题。现在很多人有病，根本原因就在于气血不通，其他的都是小原因。

所以，养生三秘诀：一要观念通，二要二便通，三要气血通。一、二、三，简单明了，条理清楚，中国人做任何事情都是三点，表示中国人做事情很会抓要点，抓重点。

我们重视人性，重视人格，我们把人当人看。老实讲，只要一个人活着，他就是有价值的，否则老天不会让他存在。正所谓天生我材必有用，没有人有看不起别人的权力。社会需要各色各样的人，社会并不需要每个人都一样。如果每个人都一样，人类就完了。比如一个学校，每个人都当校长，这个学校就完了，总要有人当校工，当老师。而如果学校的老师每个人都去教英文，这个学校也完了，其他科目，诸如历史、语文、数学等，也总要有人教。

人群是要分工的，各方面的整合非常重要。因此，中华文化最后归结成两个字，和合，一个是和平的“和”，一个是合作的“合”。人既要和平相处，又要分工合作，每一个人要发挥自己独特的能力，而不是每个人都一样。我们现在的学校最麻烦的，就是把学生教成一个样了，这是不正确的。尤其现在因为小学的老师大部分是女性，所以我们的学生多偏向于女性化。长此以往，女生想要找个有男子气概的丈夫，都会找不到，这就糟糕了。人一定要有阳刚之气，也一定要有阴柔之气，而且要去调和，否则就是阴阳失调，阴阳一失调，就出问题了。人体阴阳失调，生病；社会阴阳失调，错乱；整个宇宙阴阳失调，也完了。现在人类已经出现了阴阳失调，越来越多的人男不男女不女，标榜自己是中性人。这样下去，人类还有什么希望？

讲到这里，我们希望大家了解，中国有一个正统思想，我们称之为道统。之所以不用传统，是因为我们现在对“传统”这两个字的理解已经开始扭曲了。全世界的人都重视传统，只有中国人对传统很厌恶，这是很奇怪的。就是因为我们当年的翻译出现了错误。我们太多的误解都是由翻译错误引起的。没有哪个民族不重视自己的传统，只有我们老把传统当作旧的、坏的包袱，要丢掉。我们现在要把传统改回来，叫作道统。

中华道统是一脉相承的，绝对不可以有任何改动。但是道统在应用的时候，它又是千变万化的。所以我们有了道统以后，还要与时俱进。

与时俱进，就是说同样的道统，在不同的时代，会有不同的表现。所以，但凡翻看唐宋元明清的史料，就会发现中国的朝代没有一个是完全一样的，但是它的根本是一样的。根本一样而变化无穷，关键就在于与时俱进，我觉得这是中华文化最了不起的东西。

家风里的孝道传承

孝就是道

中华文化源于易而成于孝。什么叫源于易？就是中华文化不管有多少源流，不管有多少家，有多少不同的说法，它有个总源头。这个总的源头就是《易经》。所谓诸子百家，都是从不同的角度来阐述《易经》的道理，但最终的成果表现在“孝”这个字上。

孝这个字是怎么写的？它的上面是个“老”，下面是个“子”，就是老少两代的天伦关系。这告诉我们，一个人不管有多伟大，如果你的事业不能够被继承下去，最后还是等于零。同样，中华文化再怎么了不起，如果不能够生生不息、绵延不绝，那很快就湮灭消亡了。那不是很可惜吗！正是因为孝道，才使得一代代人承上启下，使得优秀的中华文化能够在世界上不但不会中断，而且其影响力还不断扩大。

我们讲到孝，就会联想到被誉为“群经之首”的《易经》，因为它是孝的源头。《易经》怎么会跟孝扯上关系呢？因为《易经》里反复在讲一个字，就是道。这样大家就明白，诸子百家都在讲道。所以中国人动不动就问人家：你知不知道？他说：我知道，我知道。知什么？知“道”。那么，“道”到底是什么？这个问题对我们来讲实在是太重要了。

因为老子讲了一句话: 道可，道非，常道。我们会觉得这个“道”实在太神秘了，不知道该怎么办。一直到现在，我们还认为这个“道”真玄，真难懂。实际上，“道”可以分成三个层次。

这三种层次的“道”，有一种是不可说的。为什么不可说？因为天机不可泄漏。老天不可能把所有宇宙的奥秘统统让人知道。假设有一个人真的参透了宇宙的玄妙，就有办法来控制整个宇宙，那样就太可怕了。

也有一种“道”是可以说的。如果什么都不能说，那我们怎么沟通呢？怎么传授呢？所以一定有很大一部分是可以说的。我们大部分人都在说这个可以说的“道”。

还有一种“道”就很难说。中国人对可以说的东西，几乎没有什么兴趣，因为都知道了。当道变成常识以后，大家就认为不稀奇了，反而对不可说的“道”充满了好奇心。对于一种道的不可说的部分，就算你想说，也说不了。那我们就把注意力集中在很难说的这一部分上。中国人有句口头禅，叫作：很难说，你问他任何问题，他先说很难说，然后再表态，意思就是说我可以告诉你，但你不要告诉别人。

可是这样一来，“道”的很难说的部分，我们还是搞不清楚。那怎么去认识“道”，怎么去了解“道”？如果这两点都做不到，我们如何能够上道？很简单，还是三个步骤。

首先要忘我。一个人有了情绪，有了情欲，有了各种的需求，就开始起心动念了，那个“道”就不显现了。而没有自我的时候，“道”就显现了。这是第一步。第二步，因为你没有自我，遇到功利得失，就不会很急，就不会有得失之心，就不会逞一己之好恶，从而对事情妄下断言。有了这种无我而平和的心态，遇事就会冷静、客观、公正。我们很冷静、很客观、很公正地看这个东西的本质的时候，那个“道”就浮现了。这个时候你所要做的事情就是选择。人生就是选择的过程。

如何选择？第一个，你要还是不要这个东西？第二个，你要它做什么？第三个，如果有人也想要，你舍不舍得给他？如果你心中有我，你不会这么想。你巴不得一下就要了，要了再说。如果你心中无我，你就不会这样。你会想这个给谁最合适？怎么做比较合理？最后怎么样？大家商量商量。

这件事情处理完了以后你就进到第三步，恢复本来的我。我还是一无所得，就算有了这东西也不算什么，人家拿走了也不算什么。这样一想你就很自在。

我们现在知道了，当你看到父母的时候，当你想到父母的时候，你马上就告诉自己，我本来是不存在的，认识到这点比什么都重要。如果没有父母，我连这个身体都没有了，那还谈什么现在？这样你马上会觉得：天底下所有的关系，都没有我跟我父母的亲情关系这么深。你今天讲爱环境，爱动物，爱这个那个，但你要想一想：如果不爱你的父母，反而去爱那些，你会不会觉得很奇怪？那当然奇怪了。最该孝敬的父母，你都不知道去爱，却去爱那些杂七杂八的东西。甚至为了那个杂七杂八的东西，还来气父母。这完全不合道。

其实，中国传统文化的优秀之处，就表现在我们中国人讲“道”。我们知道：所有的文化，最后集大成的表现就是孝道。这是没有什么好疑问的。

我们今天讲，现代人真的很可怜，老觉得我有压力，压力越来越大，压得我没有健康的身体，压得我气都喘不过来。你就不想想，是谁给你的压力？当然是自己。外来的压力我们很容易抗拒。比如人家骂你，你可以不听。你会听吗？你听干什么？一听就会生气，不听就没事儿了。其实中国人最会装作没听到，没看到。“非礼勿视，非礼勿听”，凡是不该看的，我就不看；凡是不该听的，我就不听。这就是保护自己。不要让自己有过分的压力，比任何健康疗法都管用。于是你慢慢就了解到，不管衣食住行，只要你起心动念，就给自己增加了压力。他那个衣服怎么那么好看呢？多少钱买的呢？哪里买的？我现在去买还买不买得到？以这种心态生活，就糟糕了。

你再想想看，这些跟父母相比，哪个重要？如果觉得这些虚荣的陈设重要，那就是忘本了。人是忘本的动物，我们走遍全世界，你有没有看到哪种文化会把孝当作一个德目来看？只有中华民族有。为什么？很简单，西方人把几句话解释错了，就造成他们今天这样子。如果这几句话不能恢复原状，他们永远也改变不了。他们最相信什么话？“信我者，得永生。”现在很多中国人也开始信这句话了。外国人信这句话，我们没话说，因为他们解释错了以后很难改。中国人相信这句话，我心里就觉得很纳闷。难道你不懂得中华文化吗？“信我者，得永生”，那个“我”不是指上帝，不是指耶稣基督，而是指你自己。佛教说：天上天下唯我独尊。那个“我”也不是指释迦牟尼。如果是的话，那释迦牟尼太妄自称大了。他说的那个“我”是指你自己。如果大家本能地想道：对，所以我要自我，我要个人主义，那就又糟了，因为陷入自我主义的无底洞了。

那个“我”是告诉你：你作为一个人，要追随你内心的声音，而不是听别人的话。你要做你自己，而不是做别人的奴隶。因此，你有两个选择：一个叫作自主，一个叫作他主。你选哪一个，别人都无权干涉。

我们中国人是非常自主的。我就是我自己的主人。但即使这样，别人的话难道我就不听了吗？不是。为什么？我要听天的话，因为没有天就没有我。连我都不存在了，那我还怎么自己做主？可是天那么远，它还从不说话，我该怎么揣测它的意思？所以，我就退一步，要听祖宗的话。因为没有祖宗就没有我。而跟天、祖宗最接近的就是父母。这样你就知道，为什么我的思想会这样。

人，第一个要记住：我是父母生的，没有父母我根本就不存在。所以孝一定是人的天性。可现在的人，对于为什么这么说，完全不知道；为什么要这么做，也不甚明了。就是因为人已经不为己了，人已经忘记了我是人了。

百善孝为先

家风里面最要紧，几乎没有哪一个家庭不提的，就是孝道。因为，我们中华民族、中华文化，最重视的就是孝道。

我们世世代代，因为时代不同，有很多不同的想法，可是没有哪一代人敢公开说“我可以对父母不孝”。于是，出现了一个很奇怪的现象，就是外国人常常喜欢到中国来领养孩子。看到他们成群结队地组团到中国来领养小孩儿，我就很好奇，问他们：“你们自己没有子女吗？”他们说：“有啊。没有子女我们根本就没有养育孩子的经验，怎么敢领养呢？”我说：“你们有子女，为什么还要领养别人的子女呢？”他们说：“我们喜欢孩子。”我又问：“特别喜欢中国的孩子？”他们说：“当然。”我问他们为什么，他们说：“你们的血液里面有一种我们比较欠缺的东西，就是孝敬父母。”我想大家可以从他们的回答中了解到，孝其实是全世界人都看重的，只是有些民族比较不容易做到而已。

“百善孝为先”，这句话大家都很熟悉。就算有人敢当着所有人的面承认他犯了全世界男人都会犯的错误，他也不敢否认“百善孝为先”。所以，身为华夏子孙，黄帝的后代，我们必须要记住，不管你在什么样的家庭，孝道都要世世代代传下去。

“孝”是一种根本，是修身、齐家、治国、平天下的根本，“孝”也是治理公司的根本。大家听起来会觉得很奇怪，怎么会是这样呢？很简单，如果你要用一个人，而这个人跟你说的、在你面前的表现，都不是很可靠。怎么办？你派人到他家里去看看，打听一下他在家对父母是否孝敬，这个才是根本。一个人，成绩很好，很多事情都能做，反应也很快，在你面前讲得头头是道，然后派人一打听，竟然对父母不孝敬，那你还敢用他吗？

一个很厉害的人，如果不能孝敬父母，那他迟早会害死你的。这是非常容易推理的事情。一个人，你要升他的官，先去看看左右邻居对他的评价，在家怎么表现，这才是最主要的依据。所以，《大学》里说：“知所先后，则近道矣。”这个“先后”在《大学》里面是很重要的。知道什么先什么后，就比较接近“道”了。你看我们平常讲话有对错吗？没有对错，只是合理不合理，只是先后的问题。

我先告诉你，等会儿要吃饭，所以你现在要少喝茶。你就听进去了。如果我倒过来说“大家少喝茶”，你就不服气了。为什么要少喝茶呢？重要的话应该先讲，原因应该先摆明。现在人讲话都是因为把次序颠倒了，所以搞得人们都听不进去。然后你反而觉得他不讲理，觉得他态度不好，其实都是你自己造成的。因为你连说话的先后次序都没有搞清楚。

一个人在家对父母不孝敬，你千万要提防他。因为这个人的心很可怕。为什么？就是用这个道的方式推测出来的。你一看到父母，第一个念头要想，如果没有父母，就没有我。就是这么简单一句话而已。没有其他人，你可能照样存在，没有父母，你根本不可能存在。现在有很多人自以为了不起，总是批评所谓的礼教吃人，儒家学说已经没落了。这种人，总是误解中国传统文化，而不能正确理解中国传统文化。

孝是两代之间的关系，如果父子之间都处不好，你还能跟邻居处得好吗？你还能跟同事处得好吗？你还有同胞的意识吗？你还能够平天下吗？全不能。所以一切的一切，以孝为先。

孝分三个等级

孝道，扩而大之，可以体现在社会的方方面面。孝用于国家治理，就叫孝治。以孝治国，以孝治天下。现在，我们分不清哪些是读书人，哪些是不读书的人。因为有很多读书人，他们懂的道理比那些没读多少书的人还少。这种情况讲起来让人很难为情。真正保留中华文化精髓的往往是没有机会读书的普通大众。没有读多少书的人，他们懂得的朴素道理最多。一个人有了知识，就开始对老祖宗有意见，就开始认为我们中国人应该向西方学习，甚至认为我们要跟国际接轨，不应该保留中国传统的东西。这真是大不孝。

中国人孝敬父母，分为三个等级。

第一个等级，叫作大孝尊亲。一个人，你的孝道发扬到极致的时候，整个家族会因为你而受到尊重。你看孔子的子孙，我们对他们都另眼看待，就是因为孔子的名望和贡献。天底下最厉害的就是老子，但老子连姓都不要了，我们现在总说："老子就这么说。"连我们都称自己为老子，我们没有称自己为孔子。"老子说了你不听"，你看有趣不有趣？中国人会慢慢把自己跟"老子”对等起来。所以说，老子无所不在，他影响力最大，但他是谁？他不让你知道。他只是要把这个观念散播出去，有影响就够了，至于他是谁就不重要了。老子最伟大的地方就是无我，就是没有他自己。这才是大孝。

孝跟任何事情都有关系，才叫大孝。一个人的任何举止和动作，都跟父母有关系。只要你表现不佳，别人第一个念头就会想到你的父母，他们会怀疑你的父母当年是怎么教你的，竟然在严肃的场合穿那么随便的衣服，竟然会说这么幼稚的话，做这么不成熟的事情，真不知道你的父母是怎么教的。

如果你真是个孝子，那这辈子就要努力，为你的父母争光。大家可以想一想，在一些比赛场上，或者舞台上，只要有人得到冠军，或者拿到第一名，目光就会在台下寻找亲人，而主持人一般也都会问父母有没有到场，如果父母到了现场，肯定会把他们请到台上，这样会让父母觉得很有光彩。这是人之常情。外国人会不会？不会。外国人上台领奖，谢谢这个，谢谢那个，谢了很多人，却很少提父母。这两种方式我们一比较就知道，到底哪个才是孝。当然，我并没有说哪个不孝，因为那是价值观不一样造成的。

我们所做的一切都是为了给父母增添光彩，叫作光宗耀祖。这一点儿也不可笑。如果人只是为了个人的名利，他可能会想得很近，看得很小，可能还会采取不当的手段。但是，一想到光宗耀祖，他会看得很远，会想得很广，而且会小心翼翼，生怕出错。

现实生活中，光宗耀祖是很难的事情，有的人一辈子都没有办法光宗耀祖。所以，我们的孝分为三个等级，如果第一个等级做不到，就向第二个等级努力。第二个等级，叫作中孝弗辱。什么叫弗辱？弗辱就是不使父母受到侮辱。这一点，前面已经说过了。中国人有一个习惯，就是孩子说错话，做错事，我们不骂他，专骂他的父母。这就告诉你，你说错话，你的父母会丢脸面；你做错事，你的父母一定会挨骂。不当着你的面骂，也会在背后骂。这是谁家的孩子，这么没有教养，父母在干什么？这时候你会觉得，我自己没有面子事小，可我让我的父母蒙羞，这是我怎么赔都赔不了的。你就会觉得很愧疚。

所以说，中国的这一套设计，这一套架构，是非常好的，它不会比法律差。一方面我们不要因为自己的表现让父母受辱，然后进一步让父母因为我们的努力奋斗而得到荣誉。大家想想看，“模范母亲”的称号是谁给的？她会自己说“我是模范母亲，你们投票给我，把我选成‘模范母亲’”吗？当然不会。能够选上“模范母亲”，多半是孩子有办法。需要强调的是，我所说的“办法”是正当的，不是想办法去送钱、送礼、巴结，利用特权，那样毫无价值。我靠我一生的贡献，靠我对社会人群的服务，把我的妈妈推出去当“模范母亲”，这样不仅让全家人都有面子，连祖宗在天上都会笑，都会开心。所以说，我们中国人看事情是非常长远的。

如果我没有办法光宗耀祖，有时候也难免让我的父母挨骂、受辱，怎么办？那就做到第三个等级，叫作“其下能养”，最起码你要能奉养父母。

孝，是中国人考核一个人的第一个关卡。因为父母照顾子女是费尽苦心的。大家去看看，自然界中除了人类，很多动植物都没有父母的照顾。一个果实从树上掉下去，落入泥土中，它就会慢慢长芽，逐渐长成一棵树，它的父母在哪里呢？不知道。一只鸟，它被孵出来以后，能动，能跑，进而能飞，它就可以独立生活了。动物都是生出来以后，自己就挣扎着开始生活了，而人最起码要得到父母十年的照顾，否则是很难生存的。你看，小孩一生下来，剪断脐带后，就哭了，是一个崭新的生命。如果此时，你把他丢掉，他一定会死掉。因为此时的他没有办法自己独立生存，如果他自己能像动物一样，动一动，然后自己就能穿衣服了，那他就不是人，就成神仙了嘛！

老天之所以让人类不同于其他动植物，对父母有很大的依赖性，就是在告诉我们，人类要互相依赖，而不能走独立的路，谁都独立不了。在人类世界，独立是无法生存的。可是外国人告诉我们，人要个人化，要独立。现在我们也开始训练小孩独立，这样简直是自讨苦吃，你自己去试试看好了，等到你老了，你就知道，小孩一独立，你就孤苦伶仃了。

我们看“人”这个字的写法，就是你靠我，我靠你，这才叫人。所以，中国的父母与子女的关系是：父母年轻时，有能力赚钱，父母照顾小孩；将来父母年纪大了，做不动了，孩子年轻力壮，赚钱养父母。但是现在人常说：“养儿并不是为了防老的，孩子大了，独立了，我不会要求孩子养我的。”这是在唱高调。你去看，外国的老人家是很辛苦的，他就是培养小孩独立了，到最后自己就孤苦伶仃了。美国的老人家最喜欢的，就是在公园里面晒太阳，巴不得有人找他讲话，因为整天没有人理他。我们会有人愿意过那种日子吗？

我们中国人之所以要生小孩，要照顾他，就是为了将来能有个依靠，不然我老了，能靠谁呢？养育子女，赡养老人是我们的责任。如果孩子长大了，就远走高飞了，父母养这个孩子干什么呢？有人说，这是投资，把亲情当作投资的本钱。这叫什么投资？这种人扭曲、错乱、误解了中国人的亲情，还批评中国文化这不对那不对……养儿防老有什么不对？要不然，你尽心养育子女是为了什么呢？

今天我们经常听一些老人说，即使你养了子女，也不能要求他们来照顾你。这句话，老人也许是说着玩的，你怎么知道他不受他的子女的奉养？他的子女愿不愿意奉养他，你也不清楚。可是，你却借故开始说：“我没有办法，我现在自顾不暇，你们二老自己想办法吧。”甚至说：“你们二老有退休金，你们比我还有钱，我还来照顾你们干什么。”

我请问大家，你们有父母，你们也有子女，你们是对子女比较好，还是对父母比较好？我就问这一个问题就够了。相信没有人敢回答。因为你怎么讲都没有用，大家都看得出来你对子女比较好。你对子女为什么这么好？因为他是你的未来。你对父母为什么比较冷漠？因为他们没能耐了，快要报废了。如果真是这样，这完全就是利害关系，这算什么亲情？就是在打小算盘嘛！这个还有利用价值，要好好对待；那个已经没用了，不用管他。这还算人吗？

每次对待子女的时候，你要好好想一想，当年你的父母是怎么照顾你的。你现在各方面的状况都比你父母当初要好，你有条件更好地照顾你的子女，但你不能说当初你的父母照顾你不如你照顾你的子女好，而应该说当初你的父母要比你更加辛苦。他们曾经那样辛苦地照顾你，你更应该想办法让他们的晚年生活过得更好。因为你的孩子还有未来，他还可以奋斗，可你的父母已经老了。

孝顺其实不是先天带来的。我再说一遍，中国为什么没有《慈经》，只有《孝经》，因为慈是先天带来的，你不用教父母，他们自然会爱护自己的子女。孝是后天学习的。上一代照顾下一代，所有的动物都会。但是人跟动物不一样的是，人后天会学习孝。有些人反驳说，动物也会孝啊。动物只会“笑”，而且连这个笑也不如人的笑，哪里会“孝顺”的“孝”。

人跟动物的不一样就在这个孝。其实人的本能跟动物一样，看到父母老了，知道他们没有用了，就把他们拖到野外，然后自己回家。过了几天过去一看，他们被野兽抓啊、啃啊，觉得很凄惨。如果是动物看到这个场面，它们会认为很自然，也没有什么感觉。可人是会有感觉的，会觉得自己这样对待先人不对，于是就回到家，拿一把铲子，挖一个洞，把父母埋起来。又过了一阵子，他又过来看，又不对了，那个土堆被水冲垮了，搞得乱七八糟。我们祖先的坟墓就是这样一步一步地演变过来的。

我们会记史，我们会顺史追源、顺宗追源，我们会孝敬父母，这些都是后天一步一步学习来的。既然要通过学习才能懂得，父母就必须要教育子女。子女不孝，其实父母要负很大的责任。所以，我们才会把孝道当作家风中很重要的一环。如果孝是天生的，人生来就会，我也不需要在这里讲这么多道理了。

三代同堂

我们必须要了解，“工欲善其事，必先利其器”。一个工具，如果你能善用，用得好，它就有价值。用得不好，就糟糕，就是破坏的利器。比如家里有冰箱，小孩就可以随便开，随便吃，最后把肠胃搞坏了。这都是父母的过失，是父母不懂道理。为什么我们中国人要三代同堂？你刚当父母的时候，还不懂道理，一知半解，你就告诉自己的小孩应该这样那样，那不是害死他？会当父母的人，遇到教育的问题，一定要请教小孩子的爷爷奶奶。这是孝道的第一招。

老实讲，一个人没有到七八十岁，他能够懂得道理？我是一百个不相信。像孔子那样的人，都说自己50才能够知天命。现在的小孩子，出口就说：爸爸，我的看法跟你不一样。要是以前，我敢跟我爸爸讲“爸爸，我的看法跟你不一样”，我爸爸一个巴掌就拍过来了。也许你会觉得小孩子受了父亲打，心里会有创伤。但我没有。我挨爸爸的打，一辈子只获得好处，没有坏处。一个小孩子，那么小就有自己的看法了，这还了得？我很欣赏一位朋友，他已经人过中年。有一天他的儿子对他说：“爸爸，我的看法跟你不一样。”他很巧妙地说：“你现在几岁了？”儿子答道：“我 15 岁了。”“那你了不起。你 15 岁就有自己的看法，我像你这么小的时候，我是没有看法的。”他儿子说：“怎么可能没有看法呢？”他说：“我告诉你，我一直到现在，还没有自己的看法。我只有我爸爸的看法，哪里有我自己的看法！”

所以，教导子女懂得孝敬，有一个很好的办法，就是三代同堂。我们以前提到三代同堂，会找一大堆理由反驳：我的孩子和我最怕跟我的父母住在一起，因为他们是老顽固，他们的很多观念都跟我们不一样，我们的观念比较现代。我想问，你的观念怎么现代了？只要没有三代同堂，你就没法教孩子孝顺。因为三代同堂，你怎么对待你的父母，你的子女看了后，就知道怎么对待你了。这是最现成、最方便的方法。

有一家发生过这样一件事情。那家的孩子才五六岁，可他不玩别的玩具，偏偏去拿一块不知道哪里来的小木头，然后用一把小刀子，一下一下地刻。妈妈说：“你不要玩这个，会伤到手的。”可是他不听，他就是要刻。妈妈就问他要刻什么，他说我要刻个碗。妈妈就说：“你刻碗干什么？咱家的碗多得很，为什么要做一个木头碗呢？”孩子说：“祖父吃饭的时候常常把碗摔破，你就骂他，所以我想刻一个木头碗给他，他就不会打破了，就不用挨你的骂了。”

大家不要以为小孩子很天真。小孩子是无邪，不是天真。他们没有大人的这种邪念，没有这种恶的观念。所以，很多人不知道，这是父母造成的恶果，却一味地怪学校，怪社会。

我常常说，建筑师最大的功能就是让三代人无法住在一起。因为西方人都是小家庭，所以住现代的房子没有问题。但是现在你也买了一个现代的房子，只能够住一个小家庭，没有办法三代同堂了，你怎么办？你要想办法。像我，刚结婚的时候是跟我父母住在一起的，可是后来因为工作的关系，要调到比较远的地方去，我就没有办法三代同堂了，那就每个礼拜天都带着孩子回家。孩子功课再多，我都坚持要带他们回去看祖父母。这样就够了。你在三代同堂当中可以做很多事情。比如你要教你的孩子，你直接去教他还不如说："祖父不喜欢这样，不然你去问他，或者我带你去问。"因为你直接告诉某人一件事，他多半会听不进去，会觉得是因为你不喜欢这样，所以他才不能这样做。我们以前的家法伺候就是这样，孩子做错事情，你要打他，他心里会想，你为什么打我？

我们做父亲的看到儿子做错事情了，就会向祖宗的牌位跪下来，说："列祖列宗在上，我这个不肖子孙今天非常难过，非常惭愧，因为我没有教好孩子，所以他的错你们不要怪他，通通算在我身上，我给你们磕头。"孩子听了父亲的这些话，会有什么感觉？他会赶快跑过来磕头。很多人根本不了解中国人的这种做法，就一直批评这个、批评那个。你有什么资格批评？那是最好的教育方法，最好的传承，也是最保险、最安全、最方便、最有效的。

心中有父母

孝道之所以称为“道”，就是说它是很宽广的。在这里面，你要妥善选择当时当地的道是什么。有客人在，爸爸讲的话永远是对的，爸爸觉得很有面子，他会自己调整。最聪明的儿子，不会试图去改变爸爸，因为那是不可能实现的，谁都改变不了谁，只能是对他产生影响。让爸爸自己去改变，这就是孝。强行要去改变爸爸的人，那就叫逆子。很多事情，好坏正误的差别就在那么一点点而已，这就叫艺术。《易经》告诉我们，八卦是一个大家庭，这个家庭里面，乾坤是父母，其他六个卦都是子女，三个是女儿，三个是儿子，这样就成为八口之家。

《易经》八卦对中国人产生了很深刻的影响。西方人认为，人群社会最小的单位是个人。由于受《易经》的影响，中国人的家庭观念浓厚，所以中国人认为，人群社会最小的单位是家庭。在中国，一个人出去，他代表的是一个家庭，而不仅仅是代表他个人。家里面的一分子，在外面做错了事情，全家人都会被人家笑话。现在很多小孩子不懂这个，认为自己就算做错了事，跟父母也没有关系。孩子做错了事，父母是会蒙羞的，因为人家都是骂你的父母没有教养，才有你这种小孩。

因此，我们的教育只有一个目的，就是让子女心目当中有父母的存在，这个比法律要好，比跟小孩讲道德要有效。现在小孩之所以敢在外面七搞八搞，乱七八糟，就是因为他心中没有父母。我们从小就要养成习惯，每做一件事情，先想一想，这样做爸妈会不会不高兴，会不会让爸妈丢脸，深思熟虑之后，很多事情我们就不敢做了。因此，家人的观念在中国人脑海里面是很深刻的，不是一家人不讲一家话，就表示我们跟家人讲话与跟外人讲话的方式是不太一样的；不是一家人不进一家门，就表示既然生活在一起，就是荣辱与共、唇齿相依的关系。

让子女心中有父母，如果你能让你的子女做到一点，你就成功了。就这一点而已，可这一点可以直接说吗？不能说，说了也没有用。你是我的儿子，所以你心中要有我。他听完肯定笑死了。怎么有你？什么叫有你？什么叫没有你？所以你只能做给他看。这样我们就了解为什么不可说。我们常常说“不可说”，因为说了也没用，说了很肉麻。

我们心中有父母，怎么把这一点传达给子女，这是我们要做的事，这叫作传承。比如，爸爸从外面带东西回来，妈妈的第一反应是什么？妈妈会问谁送的。孩子就知道了，做人是要送礼的。妈妈不应该当着孩子的面问谁送的？妈妈应该问这是什么东西，要不要放冰箱，会不会坏。先把东西安顿好了再说其他的。妈妈一看，这个东西祖父比较爱吃。为什么叫“祖父”，不说“你祖父”？因为中国人的称呼是跟着晚辈叫的。这时候，妈妈应该当着孩子的面说：“这东西祖父最喜欢吃。”爸爸就说：“人家是送给你的。”妈妈说：“是送给我的也没有关系，我收了，但是我可以送给祖父吃。”这样就够了，不必再啰唆了。再啰唆反而会产生反效果。孩子在一旁看着就懂了。这就叫作潜移默化。

说实话，儿子孝不孝敬父母，是父母孝不孝敬他的父母所产生的结果。因为小孩子最初都是向父母学习。有人要回家看看老爸老妈，丈夫打算把家里那个好东西带去给爸妈吃，可妻子却说，如果多的话，拿一点给爸妈可以，可现在就这么点儿，还是留着自己吃吧。小孩子一听这话，马上就知道了：好东西留下来自己吃，吃不完的才拿去给父母吃。你骗不了他的。我们说小孩子天真，就是因为小孩子跟天很近，他是真人。大人往往是假人，假仁，假义，假道德，假孝顺。这是大人应该反省的。

这种事情我看得太多了。有一次我去医院，看到一对母女。那个妈妈大概六七十岁，女儿二三十岁。女儿陪妈妈去看病，对妈妈说：“妈，你好好坐在这里，别乱动，我去办点事，马上回来。”那个妈妈不听话，女儿刚走，妈妈就站起来走动，女儿马上跑回来，说“叫你不要乱动，不要乱动，快坐好”，然后又走了。我觉得很好奇，就问那个妈妈：“你女儿怎么这样对你讲话？”她说：“没有办法，怨不得她。”我说：“你度量真好。”她说：“不是度量好，是我以前就是这样对她说话，她现在只不过是回馈我，我能怪谁呢？”

我们总是觉得因果报应是迷信，是很渺茫的东西。其实，因果循环是真真实实存在的，并且离我们很近。说曹操曹操到，他比曹操跑得还快。你现在怎么对待你的小孩子，他长大以后就会用什么样的方式来对待你。你现在怎么对你的父母，你的小孩长大以后就会用你对你父母的方法一模一样地对你。这不叫因果叫什么？马上就兑现了，跑都跑不掉，想改都很难。因为他已经习惯了，他没有恶意。

那个妈妈跟我说：“其实这个女儿对我很好，否则她就借口上班，不陪我了。她跟我说话的口气跟我以前对她说话的口气一模一样。”我还能说什么呢？父母是儿女的第一个榜样，会影响儿女的性格、习惯。

我们只会应付考试，却不会将知识应用在生活中。我们只知道要怎么样，却做不出来。因为我们不讲究方法。其实，我们只要从自己做起，孩子自然就懂了。

我们告诉孩子，你要爱护身体，不能生病，你生病了我只是辛苦一些而已，但是这会让祖父母非常担心，我们不能让老人家担心，这就够了。你心中时时刻刻有父母，你的子女心中也一定有你。孩子心中有父母，那他出去，敢乱说话吗？他出去，首先想到的就是我说这句话，人家会不会骂我爸爸，会不会骂我妈妈。

而且，他心中有父母，出去工作时，他的心目当中也会有主管、有领导，他不敢跟他们平起平坐。我问过很多公司的高级主管，我说你对你的干部、你的员工，最大的要求是什么？他们当中没有一个人说是能力，因为这些中国人都不在乎，中国人只在乎他心里有没有我。他心中有我，他的话我敢听，我敢相信；他心中没有我，他越能干，我越得提防他。有能力好不好？看他心中有没有你。他心中有你，他胳膊肘向你弯，有能力好；他心中没有你，他胳膊肘向外弯，如果他有能力，那你就糟糕了。

心中有父母，其实是我们家风网络里面最重要的一个纽带。这个纽带一旦断裂，整个网络就都失灵了。这样我们才知道什么叫作“天地君亲师”，就是说老师最大的使命，就是让学生心目当中先有“亲”，要有父母的存在。有了父母的存在，然后再到“君”，有主管的存在，最后才会有天地的存在。而且，一个人只要时时刻刻想着自己的父母，不管是衣食父母，还是养育父母，他就会有更大的天地。如果没有天地，君跟亲都是不存在的。这就告诉我们，我们一辈子都不要忘本，也不要只用嘴巴讲感恩。

现在很多人总是嘴上说感恩，但是真正在心里感恩的却很少。对于这些人，感恩就只是口头禅，是不切实际的。真正心里头有感恩之心的人大多不会说出来。不相信的话，你去跟你的老板说说看，你说：“老板，我心里有你。”你的老板肯定不说话。这句话能讲吗？讲了就不可靠了。如果是他自己感觉到你心里有他，他会相信你。你说出来，就是说一百遍，他也不会相信。

我们要知道，今天我们整个的孝道为什么会衰落？就是因为我们的家庭结构发生了变化，从宗法大家族变成了三口小家庭。大家族没有这种问题，大家在一起吃饭，一起聊天交流，甚至早饭之前、晚饭之后要请安。孝道在这种环境中是很容易培育和维持的。有了小家庭，就不一样了。你每月领多少工资，肯定不希望妈妈知道得一清二楚。现在，甚至夫妻的财产都要分清楚，叫作婚前财产清晰。一开始就分得清清楚楚，那还算什么夫妻？

我们慢慢地就能体会到，所有的事情，好像都跟孝道有关。只要你先把孝道力行好，其他的事情都会慢慢地调整过来。

天下无不是的父母

一家人要有一家人的样子，四个字，叫作“血浓于水”。俗话说，胳膊肘不能向外弯，我们很清楚我们的手臂只能向内弯，不能向外弯，向外弯的话，手就断掉了，所以中国人最讨厌胳臂向外弯的人。一个人讲话站在外人的立场上，那算什么家人呢？一家人就要互相扶持、互相帮助，这些观念到今天还是存在的。俗语还说：父子一条心，泥土也能变成金。作为家里的一分子，大家都应当为着一个共同的目标而奋斗，就是把这个家发展得越来越好。

家不是讲理的地方，很多人很喜欢把在社会上讲理的那一套带回家里，家人之间是讲亲情的，不是讲理的，更不是讲法的，家族才讲法。你看，如果家族内的某人把事情闹得很大，大家族的人就会把门一关，家法伺候。可见，中国人亲疏有别，人与人之间的感情是一层一层的，都不太一样，我们一定要分清楚，做到层次分明，而不是像西方人所讲的一视同仁。

我们现在要研究一个问题，这也是西方人每次都会跟我谈到的：你们中国人根本就是欺负小孩子，你看你们只有孝道，没有慈道，只有《孝经》，没有《慈经》，怎么做父母，没有人敢讲，老是讲怎么做子女，明摆着就是欺负小孩子。其实是他们不理解，中国人一切都讲相对的，有阴就有阳，当你看到阴的时候，一定要想到阳；当你看到阳的时候，一定要想到阴，如果你没有把两个合起来想，你就偏了。中国人讲孝就是讲慈，父不慈，子不孝；君不贤，臣不忠，这些都是相对的。

但是既然是相对的，为什么我们只讲孝道、孝心而没有讲慈心呢？原因很简单，假如有人出题目请我们当中的任何一位讲讲怎样做好父母，谁敢去？谁都不敢去讲，因为你一讲，人家就盯着你，心想：你自己根本就没有做到，自己的家里搞得乱七八糟的，还好意思出来讲？中国人是讲求言行要一致的，自己做不到的，你最好不要讲。没有一个爸爸敢说自己是个好爸爸。因为我们受到的限制很多，我想照顾我的小孩，可是我为了养家糊口，必须天天忙于工作；我的小孩生病，我想自己带他去医院，可是我要出差；看到一个好东西，想买给他，但是口袋里钱不够了；希望孩子读北大，可他就是考不上，我也没办法……人生到处都有限制。我们现在口口声声讲“我是个好爸爸”，或者“我是位完美的妈妈”，这都是很奇怪的。就近与你家隔壁的爸爸妈妈比较一下，你会发现自己很多都是做不到或做得不够的。你看隔壁的爸爸一回来，买很多新的玩具给自家小孩，你就做不到。没有人敢说自己是好爸爸、好妈妈，所以我们只有从孝里面，反射到做爸爸应该怎么样，这是中国人做人的基本道理，并不是偏颇。

我们现在常说，父母教小孩，怎么教都没有错。其实不是，天下无不是的父母，这句话一直都被解释错了，说父母永远是对的，子女要孝顺，要听话。哪有这回事！中国人有《孝经》，有孝心，有孝道，有孝敬，不晓得谁一时糊涂，把它写成“孝顺”了。孝顺是不可以的，孝到顺的地步，那就没有是非了。你爸爸叫你去偷两根木头回来，你偷不偷？你偷，你就是害了你爸爸，因为你会使得爸爸的名声变坏，那就是不孝。所以，怎么能叫孝顺呢？像这些都是我们这一次读经要重新正本清源的。

当然，刚开始的时候，我们很无奈，会“饥不择食”，看到一本书，也不知道里面写得对不对，也不知道它写得好不好。现在就要慎重些了，否则的话，是会受害的。天下无不是的父母，应该这样解释：天下的父母都是人，没有一个父母不是人。既然天下父母都是人，只要是人就一定会犯错，就连圣贤有时都会讲错话，更何况一般人呢？

人只有死了以后，才不会犯错，所以中国人为什么很尊重死人，就是因为人死了就不会再犯错了。只要人活着，就难免会犯错，但是因为这个人是你的父母，所以用不着你讲，你不讲，他自己也会知道，而且别人也会讲的，如果他错得很厉害，公安会抓他，你急什么呢？这道理非常明白——尽管我知道我爸爸的这个观点是错的，我也不能讲，我只要不听从他的就是了，但是我的表现还要装着听他的。

孔子把曾子教导得很好，曾子是以孝出名的。曾子的爸爸脾气不太好，可以说相当坏。有一次，曾子做错了，他爸爸就打他，打得他遍体鳞伤，可怜兮兮的，他就跑去孔子那边，希望能得到老师的安慰。没有想到孔子却骂他："你不是我的学生！"曾子说："我爸爸打我，我没敢怎么样……"孔子说："你爸爸打你，你不会跑？你这叫孝吗？如果你让你爸爸打死了，你爸爸还犯下了杀人罪，你这是大不孝。"曾子就记住了，所以下一次他爸爸发脾气要打他时，他就赶快跑掉了，他心想：这一次老师可要称赞我了吧！可这次孔子还是骂他不孝："你爸爸要打你，你就让他打几下嘛，你还跑，想把他气死？"这才叫作孔门，这才是儒家的教化之道。

我们今天把孔子思想讲得僵化了，变成了戒律，戒律就是宗教，只有宗教才有戒律，孔门是没有戒律的。因为伏羲一开始就告诉我们，是人自己在自主，人不可以对任何人有戒律。西方人以神为主，神会教人可以怎么样，不可以怎么样，这是戒律。我们没有戒律，我们都只是说"你看着办"，从来没说"你一定要怎么样"。因为我们尊重每个人的情况，而每个人情况都不一样。

所以我们现在就知道了，爸爸要打你时，你要看看爸爸是气到了什么地步，如果爸爸只是想警戒警戒你，情绪没有特别坏，那么叫你伸手你就伸手，他打两下就不打了的。如果爸爸暴跳如雷，情绪失控，那你就要赶快跑。这才叫作孝，它会变动，它是有弹性、有生命的，不是死的教条。

但是，我们自宋朝以来，尤其是到了明朝，整个思想就僵化掉了，动不动就讲“要孝顺”，怎么能叫孝顺呢？父母的话有道理，你才要顺从；父母的话没有道理，你也顺从，岂不是反而害了他们吗？

按父亲的方式去行事

孔子主张：父亲在，你要照父亲的方式去行事；父亲往生以后，你不要马上去改它。其实这个事情，也是很多人一辈子都很难去体会的。我们中国人说："知子莫若父"，从来没有人说"知父莫若子"。

我 60 岁的时候，我爸爸 80 岁，那年我就非常清楚地知道，我这一辈子怎么也赶不上我爸爸。为什么？因为他永远大我 20 岁。我爸爸是 20 岁生的我，所以我 1 岁，他 21 岁；我两岁，他就 22 岁。他永远大我 20 岁。我一生当中所缺的，就是我爸爸领先我的那 20 岁。因此我这个做儿子的，怎么能完全了解我爸爸呢？可是我爸爸倒过来看，我所经历的他都经历过，所以他能完全了解我的想法。

很多人认为我们有父权，我觉得他们应该好好调整下自己的这种想法。其实没有什么父权。父亲之所以非常了解自己的孩子，是因为他知道这是他当年的心境，这是他当年的历程，他后来怎么改才会有今天，这些他都非常清楚。可是做孩子的，你就是去过两次美国，你就是在全世界跑了一圈，你就是觉得自己比爸爸有见识，那都是贻笑大方。

我有位长辈，他从来没出国留过学。有一次我问他："您要不要趁现在还很硬朗，出去走一走？"他说："不要。我出国干什么呢？无非就是看山看水。这些东西全世界都一样。而且现在电视那么方便，又有山，又有水，我早就看完了。"我当时觉得，我还是不如他，因为我还是在有形的层面里转，可他已经到了无形的境界。我们要很冷静地去体会，才能够了解中国的道统不是那么简单的。

家风是谁最先倡导的？这是我们慢慢要去了解的。因为，如果这点你不能够了解清楚的话，你讲了半天，都是教条，大家听听就算了。若它不能内化成为大家内心真正需要的东西，那便是毫无用处的。

家风在中国传统社会源远流长，但是在现代社会中，人们更加强调自我，家庭观念越来越淡泊，甚至有的年轻人对父母说："你们当初生我的时候，又没跟我商量，现在不要来管我。"那么，我们出生在某个家庭里，真的是一个偶然吗？

家是我们选择的，不像一些人所说的，是父母把我们随随便便生下来的。反过来想，假如父母真的随随便便把我们生下来，我们还要孝敬他们吗？有这个必要吗？为什么我们那么重视孝，就是因为我们的祖先已经知道，我们是选好父母，然后才来投胎的。既然父母是你自己选的，你就应该尊敬他们，就应该孝敬他们，这样你才能了解为什么“子不嫌母丑”。妈妈长得再难看，你是她儿子，你是她女儿，你也不能嫌弃她。

孝道靠媳妇来恢复

我们要把孝道恢复出来，靠谁？不是靠爸爸，不是靠儿子，靠一个你想象不到的人：媳妇。你看我们中国女人，嫁给一家人以后，她的姓摆在第二位，夫家的姓摆在前面，叫作冠夫姓。很多人看了我太太的名字，问她你怎么有两个姓？她原来姓刘，到我们家以后，我们加上一个曾。曾刘，她不是复姓，她是冠夫姓。有人说这个不平等，哪能搞这样子？那你去美国看看，美国更惨。美国一个女孩子嫁给丈夫以后，自己的姓都没了，就姓丈夫的姓。

各位应该想想看，全家人都有血缘关系，只有夫妻两个人完全没有血缘关系。全家都是亲人，只有她不是亲人。她是外来的，你不冠我的姓，我不放心。你跟我一点关系都没有，竟然晚上睡在我旁边，半夜杀了我怎么办？大家为什么不追究这里更深层的含意是什么？你是个外来人，你能够看上我们家，一定是旁观者清。你一定知道我们家的问题在哪里？你进来是生力军，你可以把我们家对的东西保留下来，把我们家不好的东西慢慢地扭正过来。你就是我们家最了不起的功臣，这才叫媳妇。

现在完全不是这样。媳妇一进门就说，我要搬出去住，我跟你爸爸合不来，我是嫁给你，又不是嫁给老头子。然后还要求丈夫的弟弟妹妹都听她的，最后公公婆婆都听她的，这不得了。你看，搬出去住，结果外面也混不好，家里面也处不好。这就叫作现代媳妇。两头都不得好。

其实主持家务，是比什么都重要的。丈夫会什么？只会赚钱。媳妇会什么？你们家的后代是靠我生的。从外面赚多少钱，都不如媳妇把家里安顿好。我的媳妇，我的女儿都有两个学位，但从来没有工作过。为什么？在家照顾小孩比工作要紧。第三代的教育很要紧，我们一代两代很好，第三代的教育如果办坏了，以前做的都是白费力气，到最后就是一场空。你为什么不想长远一点？所以，这些都是靠媳妇。你能靠儿子吗？儿子每天忙得要命，回来顶多带两个便当给儿子吃，他也是没有办法。他有什么办法？你要他赶回家来做饭，可以，那他就完全没有前途，随便你选吧。中国人全家最看中的，就是媳妇。尤其是长媳，长媳如母，跟母亲一样重要。

谈到这里，我们就知道，从近代史开始，我们就完全不知道我们的老祖宗在讲些什么。女子教育，是国家发展的关键，不能把女儿跟男儿一样地教。连教材都是要分开的。

可现在都一样了。现在很多女的，我看了半天，不知道她是男是女。看半天，好像是男的，又好像是女的。看了好几次，原来是女的。那怎么长这个样子呢？这是老天对人类的警告和惩罚，这不是好事情。你看一个女孩子，她样样都跟“男的”一样，好找对象吗？

男刚女柔，结果柔能克刚。男人赢得了表面的东西，女人掌握了骨子里的东西。所以，为什么中国妇女不争什么妇女自由？因为她们不需要争。明眼人看得很清楚，你是男的，我就给你带个高帽子。你是家长，实际上你还不是听我的？这才是实际的状况。但现在人看不懂，所以搞得焦头烂额。如果我们不从妇女教育入手，如果我们不知道女孩子有女孩子的教导方式，我们的孝道就很难恢复，媳妇在夫家的地位就会一落千丈。

你看《红楼梦》里边，最了不起的人是媳妇。妈妈会老啊，很快就被接班了。女儿迟早是要出嫁的，你不能老叫她回来嘛。你老叫她回来，女婿那边就会抗议，怎么老叫你女儿回去？她是我们家的媳妇，我们家要靠她。

现在不是这样了，你要回去？请。因为他根本不想用你了，你完全没有效用。你有什么效用？为什么老人家只会在公园里面晃啊晃？他也有他不得已的苦衷，因为第三代的教育根本就用不着他。结果第三代整个观念就扭曲了。我们还有什么前途？经济再发展，高楼大厦盖起来，那是完全没有用的东西。一栋高楼大厦，那是最不适合人类居住的地方。我问你万一停电怎么办？你家住几楼？ 19 楼。那为什么不回家？爬不上去。所以，那时候住高层的人就非常羡慕那个住一楼的人。但一楼会淹水啊。所以天地之间根本没有容你的地方。你要靠这些是完全靠不住的。

人到最后就是靠一颗温暖的心。你看你心里很温暖，你再苦都不觉得苦。可现在人们心里是冰凉的，很寒心，哀莫大于心死。现在很多人是心死了。

有人说，中华文化如果复兴起来，就会阻碍我们科学的进步，那我们的经济就要后退，我们就要过苦日子了，而且我们会被别人瞧不起。跟这种人根本是没有什么好说的，因为他无知，他看不懂。

我年轻的时候是看不懂的，完全看不懂，盲目地觉得西方好。现在我年龄越来越大，我就发现：我以前怎么那么笨？孔子讲的话听不懂，老子讲的话也听不懂。我反省我自己，我太不重视我爸爸的话了。我爸爸每次训我，都是一篇大道理，条条有理。我当时没有太在意，我听过几十次了，很不以为然。现在我才觉得，自己以前那么笨，连这个也没有看出来。

你看所有人都在骂推拖拉，那完全是无知。以不变应万变，是人类最高的智慧。那就是《易经》，《易经》有不变的部分，叫作不易；有变的部分叫作变异。你先抓住原则，然后才去应变。你不能没有原则地到处变，那就是乱变。

你看一个人如果连原则都没有，你就要少跟他来往。一个投机取巧的人，见利忘义，骑墙派，哪里好就跑哪里，完全不可靠。他对他父母是这样，更何况是对别人？所以，你要跟他保持距离，你就安全。你跟他在一起，你被他甩掉之后，他还把你当垫底。这能怪谁？怪你自己，年纪轻轻就充能干，那就苦恼多多。但是我们都年轻过，我们也都会摔跤。到了晚年总应该清醒了，晚年脑筋再不清醒，那就枉此一生了。

这也是我讲到孝道的时候，对老人的建议，对年轻人的建议，特别是对媳妇的建议。媳妇是一家的真正传人。媳妇的责任是无比重大的。你看孟子靠谁？靠他的妈妈。母亲为什么那么了不起？就是因为她们知道自己肩上的责任。因为子子孙孙，都是靠母亲，不是靠父亲。父亲只会赚钱，只会在外面奋斗。当然，父亲自有他的贡献，但是对家里的贡献最大的，永远是母亲。

伍

家风里的婚恋观

男女有别

家庭，首先是由一对男女结成夫妻而组成的，你找到一个什么样的伴侣，也就决定了你将拥有一个什么样的家庭。自古以来，人们都把婚姻当成“人生的大事”。

婚姻是人生的大事，不可等闲视之。可是对待这个问题，我们多半都是等闲视之。

很多三四十岁的女孩子都会跟我讲，说她读大学的时候，爸妈都说你要好好读书，千万不要谈恋爱，太早谈恋爱不好。她听了，没有谈。一晃大学毕业了，爸妈又说，你要赶快找一个男朋友，不找就太迟了。她说难道我要到大街上随便去捡一个吗？其实，她说的都是自己亲身经历的痛苦，就是父母只知道禁止跟催促，很少去辅导，才会造成她今天的痛苦。我们以前有父母之命，有媒妁之言，还有很多热心的人来促成婚姻，可现在没有了。现在我们像西方人那样，提倡自由恋爱，于是就造成了今天的局面。

婚姻大事不可等闲视之，我们要提前做很多功课，要讲究步骤和方法。在这个问题上，我们首先就要了解男女有别。在婚姻这件事上，男女之间的差别是最显著的，因为男人的第一关是金钱关，而女人的第一关则是情关。我们讲到“情窦初开”的时候，很少指男孩子，因为男孩子要拼事业，要有前途，要养家糊口。你这个时候凭什么去谈爱情呢？你不要连累了人家，不要害了人家。我们都是这样教育男孩子的，你没有能力，你养不起家，你好意思追女孩子吗？

为什么女孩子的第一关是情关？因为男孩子的适婚年龄比较长，一个男人就算到了 32 岁、33 岁、34 岁结婚，也还不算晚。我为什么没有讲 35 岁？因为一到 35 岁就会拖到 40 岁，36 岁到 40 岁这 5 年是很难结婚的。可是，女人就不一样了，女人的适婚年龄非常短，是从 24 岁到 28 岁。女人一般 24 岁才离开学校，踏入社会，有的甚至还晚，还在读博士。所以我建议，如果你要读博士，最好先结婚，否则很难找到适合的对象。学历越高，越难找到合适的丈夫。这种事例我们随时都可以看到。

女人到了 28 岁以后越来越难嫁，进入 30 岁，就只好说我本来就是独身主义，用以安慰自己。那你为什么要使自己走上这条路呢？你为什么不能提前安排呢？所以，家风里面要把婚姻当作一件重大的事情，必须要有步骤、有方法地去实现。

我们既然受西方的影响那么严重，就应该花一点儿时间来做个比较：西方人对婚姻是什么看法？我们中国人对婚姻又是什么看法？搞清楚以后，你要走哪条路，我们都尊重，因为你必须要“自作自受”。

在西方，婚姻是一男一女两个人的事情，所以他们可以打得火热，可以不让父母知道，甚至结婚也可以不通知父母。中国人可以吗？中国人结婚是两家人的事，不是两个人的事。其实，今天中国的父母已经很悲哀了，都是被告知“我要结婚了，你们赶快准备吧”。

要知道，子女不可以“告知”父母，因为这样你就太不尊重他们了。现在很多人的婚礼，父母只是坐在那里任由摆布，更妙的还有请外人来当主婚人，真是怪事！主婚人永远都应该是自己的父母，外人怎么敢当你的主婚人？这就代表你心中没有父母，你觉得你比父母有办法，你爱结婚就结婚，你爱找谁就找谁，你请父母来还是给他们面子，他们不来就算了。能这样吗？

中国人找对象要全家喜欢

西方人找对象只要自己喜欢就可以，中国人找对象要全家人都喜欢。

以前，一个男孩子要找对象，看来看去会先想，这个女孩子自己的父母会不会喜欢，甚至还会想自己的姑姑对这个女孩子有没有意见。外国人哪里会这样考虑？而我们现在却认为，只要自己喜欢，有什么不可以？如果你真的这样想，将来你可能会有一个问题很难处理。不要因为娶了一个女孩回家，搞得全家都跟你合不来；不要因为娶了一个女孩回家，你所有的朋友都离开你。我看过很多这样的事情。但现在的年轻人有几个会这样考虑问题？都是以后再说。

现在离婚率这么高，就是因为我们有一个非常可怕的观念：先结婚，不合再离呗！这样算是婚姻吗？算是人生大事吗？就这一个观念，导致现在中国的离婚率很高。中国以前的离婚率非常低，现在受西方文化的影响，觉得“只要曾经拥有，不在乎天长地久”。

西方男女之间的婚恋大多是出于好奇，他可能一点儿也不关心她；而我们中国人是彼此关心的，我们要的是彼此关心一辈子，而不是一时的好奇。我在大学教书很多年，我的学生中有很多年轻的女孩子，她们因为没有办法了，就跑来问我，说她们的男朋友给她们下了最后通牒，如果不跟他发生性关系，他就要跑掉了。我说："好！你问问你的男朋友，他对你到底是怎样的感情？你就跟他说英文好了，因为他是纯粹的西方思维，就是好奇。你告诉他，所有女人都一样，没有什么好奇的。如果他对你是关心，那就等到结婚后再说吧。"效果怎么样？效果很好！因为一句话就点醒他了。你要好奇那你就找别人，你若是关心我，结了婚再说。

我们现在就是抓不到重点，所以才导致无法沟通。抓不到重点，你讲了半天都是没有用的。西方人是另外一种思维，所以他随时可以说"我不爱你了""我曾经爱过你，但现在我不爱你了""我越来越无法跟你相处了"，他可以这样讲。中国人本来是不可以这样讲的，但是现在学西方人，把这个也变成了流行。这不是进步，完全是大退步。尤其我要提醒一句：离婚对女性是非常不利的，因为女性的适婚年龄和生育年龄都非常短。

男性跟"八"有关，这就是为什么孩子要叫"爸爸"；女性跟"七"有关，所以丈夫才称其为"妻子"。二八一十六，男性 16 岁性就成熟了；二七一十四，女性 14 岁后就可以怀孕了。男女之间差两岁，但是后面就差得挺远的。男性的生育期直到八八六十四岁，他到 64 岁还可以生小孩儿。所以，他就算晚婚还是可以生小孩儿；女性到七七四十九岁，49 岁就停经了，就没法再生了。当然，现在科学很发达，可以用很多方式，但那毕竟不是一般人所喜欢的。像这些具体的数字，大家要好好做参考。

西方流行“一夜情”，这在中国是很丢脸的事情，谁都不敢讲。现在有一些人在电视上捧着大肚子说：“我要结婚了！”这在以前就是丢人现眼，但现在因为媒体的传播，把它弄得好像天下奇观一样，这是传播界不应该做的事情。为了新奇，为了博取观众眼球，使得很多年轻人被误导，破坏了社会风气，这样的节目，收视率越高，造孽越深。

西方的婚恋观，不做长期计划，不在乎维持多久，只要自己喜欢。我们常常看到西方七八十岁的老人，还跟年轻小姑娘结婚，带她出去，向别人介绍：“这是我的新婚妻子。”他们可以，中国人就不敢带出去，为什么？人家一看，你孙女都这么高了，那你的脸往哪里搁？我们中国人有一句古话叫“百年修得同船渡，千年修得共枕眠”。渡河的时候大家同坐一条船，这是百年修来的缘分；夫妻能睡同一张床铺，需要千年的修行，才有这样的缘分。

婚姻是一辈子，不是一阵子

我们家里面的人，几乎人人都有血统关系：兄弟之间有血统关系，父子之间有血统关系……但是，有血统关系的人通常都不能住同一个房间，睡同一张床。而睡在你旁边的这个人，却是这个家里面唯一跟你没有血统关系的人。我们的婚姻里有一个核心价值观，几乎被现在的人遗忘了，叫作不求富也不求贵，但求相偕到白头。把它归纳成一句话，叫作“少年夫妻老来伴”。人的少年时期是很短的。你看性生活，女人只到49岁，男人只到64岁，后面的时间就都是做伴了。你后面找谁做伴？谁都不愿意跟你做伴，除非你们曾经同甘共苦过，否则人家陪你干什么呢？

当然，如果你有钱，或许也可以找个人来做伴，但那种感情不是真的，比不上一起同甘共苦来的感情。晚年一定要让自己过得好一点儿，这才叫长远的打算。年轻力壮的时候受点苦无所谓，可人一旦老了，比较脆弱，是经不起折腾的。而且，有些生活比较荒唐的年轻女孩子，她的对象多半是老人家，因为老人家有积蓄，容易被迷惑。

所以，把整个事情都了解清楚后，你就知道，找对象不是找现在的，是找以后的。到了四五十岁就离婚了，后半辈子怎么办？你去找谁？“上天有好生之德”就是指人会老，就是提醒我们，年轻的时候要替晚年着想。这才叫长远的打算。所以，为什么要存积蓄？为什么要广结善缘？为什么要多做善事？为什么要趁年轻，最起码有一个可以躲风雨的房子？为什么要有子女？都是因为有一天你会老啊！

所以说，婚姻跟人的一生都有关系，不是一阵子，而是一辈子。这样我们才知道，为什么我们结婚的时候，都是以父母为主，而不是以当事人为主。

我结婚那一天，我一生都不会忘记。我的妈妈是一个生活很有规律的人，我们平常的吃饭时间基本都是固定的，所以我就养成了一到中午12点不吃饭，就好像很饿的习惯。我结婚那天下午，客人们都走了，我爸爸就问我：“你今天觉得怎么样？”我说“爸爸妈妈”——我不敢说“你”，我们那时不敢对长辈说“你”——我说：“爸爸妈妈太费心了。”他说：“你不用太客气。你就告诉我，你的想法是什么？”我就说：“我肚子好饿。”他说：“我是故意让你饿肚子的！”我问：“爸爸是故意的？为什么？”他说：“我就是要告诉你，结婚不是一件很轻松的事情，所以你一辈子结一次就够了，不要想第二次，除非你想再饿一次。”

现在的婚礼不是这样，现在的婚礼很快乐，新郎、新娘是主角，离了再来一次也没什么。父母不懂，子女不懂，最后赚钱的都是那些做婚礼策划的人。这是常态。

有一次我去参加一个婚礼，那家的女儿要出嫁了，爸爸挽着她很体面地出来，说："准女婿，我的女儿是我的宝贝，今天我就把她交给你了，你要尽到你的责任！"大家要想一想：男方的父亲坐在那里，他听了这些话，心里是什么感觉？他心里肯定在想：今天这个婚礼是男方办的还是女方办的？你竟然在那里耀武扬威，当众教训我的儿子，我没有教训你的女儿就不错了！结婚那一天常常就是两家恩怨的开始。

我问过很多人，我说你嫁女儿，你有权力挽着你的女儿把她交给新郎吗？他说我们看外国人是这样做的。我说外国人是这样没错，但你知道外国人为什么可以这样做吗？几乎没有人知道。在美国，结婚是女方出所有的费用。我嫁女儿时我出所有的费用，我当然可以挽着她告诉你，今天的钱都是我出的，你要对她负责任。在中国是男方出钱，女方在这里张扬，给谁看？我们就是搞不清楚"根本"，只学到些皮毛。

还有更"妙"的，在婚礼上，司仪竟然说："现在，新郎、新娘面对面。请问新郎，你愿意娶新娘为妻吗？"只有两种人有资格问这种话，一种是法官，一种是神职人员。你一个小小的司仪，可以问这种话吗？完全是出钱让人家糟蹋你们，糟蹋两家啊！都是胡闹！

还有一点，也跟婚姻关系甚密。男孩子不可以等女孩子来追。

凡是敢追男孩子的女孩子，你不要惹。她今天可以追你，明天也可以追别人。

为什么我们说没有内顾之忧，就是说我的太太很安分。“男追女，隔座山”，男孩子追女孩子，中间隔着一座山；“女追男，隔层纱”，女孩子追男孩子，中间只有一层薄纱。男追女，你追上了，结婚了，就要负责任。你一旦提出离婚，女方会说，当初是你追我的，不然我才不会嫁给你，她可以教训你。可现在是女追男，他提出离婚，你说什么？当初我本来就不太喜欢你，是因为你猛追，我一时糊涂，就跟你结婚了，现在我终于清醒了，拜拜。几句话就让你无话可说。

结婚前要“算八字”

所以，我们教女儿跟教儿子应该采取不一样的教法。教女儿你要告诉她，你的态度不能太随便，一随便就没有人敢要你了。你要矜持一点儿。你自己要有个标准，我们家要找的女婿是哪一类型的，你要事先想好，然后试试这个人，是不是你想要的类型。这个工作要在什么时候完成？在大学四年里完成。所以，那时候你不能一对一跟任何男孩子出去，尤其是去国外留学的女孩，更要注意这一点。统计结果表明，凡是灌你酒，最后对你进行性侵犯的，多半都是熟悉的同学。所以在大学里，你要多参加社团，在社团里，你跟每一个异性都要保持安全距离。你要仔细去看，如果觉得这个人应该是适合你们家的，那你就试试看，看他跟你是不是有话题可聊。

这时候你就要开始算八字了。很多人一听到“算八字”，会认为这是老古董，其实是他们根本不懂什么叫八字。我们算的是21世纪的八字。现在的很多男女开始交往后，整天去看电影，整天游山玩水，到结婚了才知道，完全不对劲。那你前面那段时间干什么去了？男女交往，要看现代八字。那么，什么是现代八字？

现代八字应该看什么？

男女之间肯定不能说："我们两个去算算八字，合适了我们再交往。"那样就笑死人了。所以，最好的办法就是你在参加社团活动的时候，两个人讲话不要讲一些没有用的。你可以说："哎，那边有一个幼儿园，你去参观过吗？"他说："有啊！我只要有空，就去那边做义工，我跟小孩子相处得可好了。"这样你就知道他是喜欢小孩儿的。"哎呀，我看到小孩子就头大，我根本就没去过那里。"你就知道他不喜欢小孩儿。

你为什么不能试着去了解这些事情呢？第一，对金钱的观念。第二，势利眼吗？第三，喜欢小孩儿吗？有一对夫妻结婚五年，先生想尽办法想生小孩儿，此时太太才说，我在没有结婚之前就决定这辈子不生小孩儿。为什么到了这个时候才知道呢？你婚前就应该知道的。

最好的方法是看他眼睛的反应。男女朋友交往，男孩说："我这个表哪里来的，你知道吗？是我在香港的姑姑送的。我没想到她竟然会送我这么名贵的表。"然后你忽然间看到，他的整个眼神都不一样了，你就知道这个家伙爱钱如命。你为什么不能试呢？这就叫八字。八字就是两个人的价值观、金钱观、人生观。

最后，一定要亲自去看看对方的家长。男孩子要看看女方的妈妈，因为过不了几年，她就跟她的妈妈一样了。如果她的妈妈刚进门就唠叨个没完，劝你还是慎重考虑，不然将来有可能就逃不掉了。女孩子要到男孩子家去看看他的爸爸，因为过不了几年，他也会跟他的爸爸一样。他的爸爸在家里都要耍官腔，看见谁都是这样，那你去受这个罪干什么？

《易经》里面有个“咸卦”，讲得非常清楚。作为父母，可以借着解释卦的机会告诉自己的孩子，你要经历这个过程了。那个过程以前叫作“父母之命，媒妁之言”，现在有了新的解释，但道理是一样的。结婚那天，是人生中的又一段重要开始，所以事先要做好充分准备，男孩、女孩都要上轨道，使得结婚那一天两家能够成功地交融，这个才叫婚姻。千万不要认为婚姻是爱情的坟墓，那是胡说八道，绝对不要听，婚姻才是爱情的开始。

婚姻是需要经营的，没有经营的婚姻是非常不可靠的，也是不可能长期维持的。

陆

家风里的金钱观

金钱观要从儿童时期开始培养

我很感慨，现在走在街上，看到很多小孩儿都好像没有父母一样。看到这里，可能很多人会马上反驳我：什么没有父母？现在的父母比以前有钱。的确如此，但就是因为有钱了，所以这些孩子就没有父母了。他们的父母照顾他们就跟照顾朋友一样，这样一来，家风还能存在吗，还能传承吗？家风里面有一个很重要的关卡，就是金钱观念。金钱观念要从小建立起来。一个人如果一开始金钱观念就很模糊的话，他这一辈子都会受苦受难。

有一句话叫菩萨重因，凡夫重果。如果这句话是真的，我们会觉得很不幸。因为现在的人口这么多，可是菩萨实在是太少了。绝大部分人都是凡夫，因为我们很重视结果。动不动就绩效、效益，或者影响力，这些其实都没有用。人到最后，结果都是一样的，就是死路一条。你再聪明，再能干，再了不起，都难逃死路一条。这是我们共同的结果。

人生是来享受过程的，不是来追求某个结果的。但是我们现在的观念完全颠倒了，我们一天到晚忙于赚钱，总想有了钱以后再享受。其中最可笑的想法莫过于：有了钱以后，我就可以享受人生；有了钱以后，我就可以把理想付诸实现；有了钱以后，我就可以一家和乐。结果呢，完全相反。因为钱是离间父子关系的最厉害的一种武器，是破坏人与人之间和谐的罪魁祸首，是最可怕的杀手。你看两个人，如果没有金钱往来，他们一定处得很好。一旦产生了金钱的交际，两人的关系就会遭到破坏，甚至反目成仇。千万要记住，钱只是我们的工具，而现代人却甘愿做钱的奴隶。这就叫作倒果为因。

人类做得最可笑的事情，就是为了自己生活上的便利，去创造某些工具，可是当这些工具被创造出来以后，我们却很快变成了这些工具的奴隶。比如钱，是我们拿来用作货物交换的一种工具。以前没有钱的时候，我们是以货易货，那时候比较麻烦的是，经常无法评估货品的价值；有了钱以后就方便多了，你可以定价，我可以出价，如果我愿意，我就付这个钱。但是，现在的人却已经离不开金钱了，而且已经变成了金钱的奴隶。坐飞机的时候，就算在头等舱，里面的人基本都已经有了一定的社会地位，可他们的谈话从头到尾都离不开钱。这就是连人生的第一关都还过不了。

我们把电脑开发出来，就变成电脑的奴隶；我们把手机玩熟了，就变成手机的奴隶。我们真应该好好想一想，其实应该是我们把这些工具当奴隶才对，不应该是它们做主，而我们变成它们的奴隶。所以，在家风里，金钱观是一个非常重要的课题。金钱观一定要从儿童时期开始培养。

我曾经遇到过一家人，他们的孩子才 15 岁，就跟父母讲，不想读书了。父母怎么劝都没有用，就来问我怎么办。我说："你们把他带来吧，我问他，你们在一旁听着。"孩子来了以后，我就请他坐下来，我问他："你今年多大了？"他说："我 15 岁了。"我说："15 岁，人家都在读书，为什么你不读呢？"他说："读书没有用，我为什么要读？"我说："你怎么知道读书没有用呢？"他说："读书就是为了赚钱嘛，我不必赚钱，那我读书干吗？"他讲得非常有道理。我说："你这么年轻，就知道自己不必赚钱吗？"他说："是啊，我父母有的是钱，我花都花不完，我怕什么？我不要读书，因为我不必赚钱。"他说的时候，他的父母一直躲在旁边听。我说："你父母也没有多少钱啊。"他说："我不管，如果没有钱，他们到银行去领就有了。"

还有一个案例，那个孩子年龄更小。父母带孩子到玩具店，孩子要买玩具，父母没有满足他，他就哭，甚至坐在地上闹。孩子也是无师自通的，他知道他一闹，父母就会没有面子，就只好把玩具买给他。这一招真的很管用，他的父母立刻拿他没有办法了。我就把那个孩子叫过来，说："你一哭，你爸妈就有钱了吗？"他说："当然。"我问："为什么呢？"他说："他们有张小卡片，那张卡片一插进去，钱就出来了。"

讲到这里，我想提醒各位家长，当你带孩子去银行提款的时候，你要告诉他，这张卡不是钱，我再怎么插也没有钱；我现在插进去之所以有钱，是因为我之前把钱都存在了这里面。钱是很难赚的。这些你为什么不教他呢？是你给他造成了那种假象，让他以为只要把卡片插进去，钱就会出来。而且他还会觉得，你有钱，却舍不得给我花，那你还说你疼我？根本就是假的！

现在很多人自以为很洋派，得意地宣称："在家里，我的小孩做事情，我都会给他钱，鼓励他，让他有金钱的概念。"可是有一天，妈妈生病了，跟女儿讲："妈妈今天实在是难受得不得了，你帮妈妈扫地洗碗，我今天特别多给你十块钱。"女儿却说："妈，我今天不想赚这个钱。"可见，如果亲人之间讲钱的话，与外人有什么分别？父母与子女讲钱，很多责任孩子就可以不尽，如此一来，做父母的年老了，谁来照顾你？

先教孩子怎么花钱

家长有责任教导孩子拥有正确的金钱观念。问题是，现在连家长自身的金钱观念都是不正确的。我们有一句话，从过去传到现在，很多人还可以把它背得很完整，叫什么？舍得，舍得，有舍才有得；多舍多得，少舍少得，不舍不得。

这句话很多人都会背，光背下来了，有没有实际运用呢？没有。因为到时候你就会舍不得，一舍不得，就会后患无穷。口口声声说钱财是身外之物，但是连一毛钱都舍不得，那就是典型的守财奴。你问他为什么，他说我要把钱留给子孙。请问，你把钱留给子孙，是为他好还是为他不好？其实有些有钱人也不是自私，他不是为自己，而是因为自己受苦太多了，不希望他的子孙像他这样受苦，所以想给他们留一笔钱，让他们有个比较高的人生起点。这很好，站在巨人的肩膀上出发，多神气。但是真的会这样吗？

这里面涉及一个度的问题。你给他留合理的钱数，他知道我有这些钱，我要爱惜，我可以用这些钱当作垫脚石，让自己有更好的发展，他知道只有自己有更好的发展，才对得起父母。这当然是好事。而如果你给他留过多的钱，他会认为我有这么多钱，我还怕什么？用完再说嘛。我们经常能听到这样一句话：一个人要先学会怎样花钱，才能学会怎样赚钱。可很多人都听不懂，他们认为，钱都还没赚进来，怎么学花钱？其实，家风里的金钱观，就是要先教孩子怎么花钱。如果从小为孩子树立正确的金钱观，让他知道怎么花钱才合理，长大以后他所赚来的钱，一般都不会是不义之财，而且他也不会变成守财奴。

我请问大家，中国人所追求的是什么？中国人所追求的不是完美，中国人没那么笨。八月十五的月亮是完美的，可第二天马上就缺了，那要完美干什么？中国人求的是圆满。什么叫圆满？用现代的科学语言说就叫平衡。那什么叫平衡？比如我们的身体，现在是平衡的，可过五分钟它就不平衡了，然后又平衡了，又不平衡了。你去量血压，现在很标准，可再过五分钟去量，发现又高了。一切都没有静态的平衡，静态的平衡就是死亡，它永远是动态的平衡。所以你的钱财要常常去调整，要有进有出。我们要从小培养孩子正确的花钱观念，他自然就会对进出做出妥善的安排。有进有出，要保持这个通道一直是畅通的。

在一个公司里，最得老板信任，最得老板重视的是什么人？并不是我们以为的设计人员，而是财务人员，是管钱的人。钱财就好像人身体里的血液一样。大家想想看，身体里的血太多，好不好？绝对不好，脑充血。身体里的血少了，好不好？不好，脑贫血。身体里的血不通，好不好？如果不通你就完蛋了，今天我们管它叫血管阻塞。所以，钱如果周转不灵，就算你再有钱也会倒闭。用血液的观念，你就知道钱财该怎么处理了。一切都应该让它活起来，不应该让它死掉。

建立正确的金钱观，要先让孩子学会花钱，慢慢再教他怎么去赚钱，最后把整个过程完善起来，这个家风就会越来越让人满意，让人觉得可靠，这样延续下去才有价值。记住，钱永远不是主人，只有人才是主人。千万不要变成钱是主人，人是钱的奴隶！中国有一句话叫作“不为物役”，永远不要被物所奴役，这个要靠父母的教导。

金钱观的三个要点

帮助孩子树立正确的金钱观有一个过程，这个过程我们把它归纳成三个要点。

第一，德本财末。家长要在孩子小的时候就告诉他，你这一生德是根本，有钱没钱那是末节。为什么？因为你品德好，钱越多越好；你品德不好，钱越多越倒霉。品德好的人，有再多的钱，他都不会乱来，他知道怎么花，有时怎么花是很重要的；品德不好的人，他没有钱，一般不会做坏事，可他若有了钱，就很容易做坏事，就会把家风败坏掉。

怎么样才能够在孩子小的时候，就告诉他德本财末呢？这要用具体的方法。比如，小孩子最喜欢的是什么？玩具。你带他去玩具店的时候，你就要问他："我们现在要去玩具店，你想不想买玩具？"如果孩子说不想，你会不会觉得紧张？会不会觉得这孩子有点儿反常？那你要问他："为什么不想呢？"我们跟孩子互动就是靠这个。他会回答说："现在的玩具都有毒。"那你问他："你怎么知道的？"他说："电视上都讲了，网络上都传了。"这个时候，我们做家长的就要给孩子信心，我们要告诉他："哦，原来是这样。但他们会改进的，等他们改进以后我们再买，好不好？”你这样说，孩子应该会很开心的。

另外一种情况：“你想不想买玩具？”“不想。”“为什么？”“因为我已经大了，我要好好读书。”“嗯，很不错。不过读书归读书，玩具还是可以买的。”

最后一种情况：“你想不想买玩具？”“不想！”“为什么不想呢？”“因为你买给我其实都是假的，最后你都拿去送给别人了。”孩子是会讲真心话的。你是利用他，看他喜欢玩，就觉得别的孩子也肯定喜欢玩，于是就把这个玩具赶快送给你想巴结的人。那这个大人实在是太能算计了。

前面两种方式才叫教育，而不是天天跟他开玩笑，天天陪他打滚儿。让自己跟小孩儿一样玩，那就不像大人了。孩子说他要买玩具，你要问他：“可以，那你打算买几件？”“三件。”“三件太多了。”“为什么？”“因为我们家里的花销是有计划的，你把钱通通买了那些玩具，我们别的地方就不够用了，所以不可以这样。”你从小就要告诉他，家里的钱，每个人只能用一部分，不能把全部的钱都当作是你自己的，爱怎么花就怎么花。

作为家长，我们从小就要告诉孩子，你品德越好，我们就越放心给你更多的钱，因为我们相信你会好好利用。大家看，重点是在“用”，而不是在“赚”。现在的人满脑子都是赚钱，而会用钱的人却少之又少，很多人都是乱用，越有钱越乱用。我们可以观察自己的周围，有些人一有钱就不知道该怎么做了，该做的不做，不该做的却做了一大堆，结果为自己埋下了很大隐患。

第二，爱要有限。很多人只讲“爱的教育”，却不知道“有限的教育”。爱而不限就会变成恨。爱极生恨。任何事情必须要有一个合理度，这个合理度就叫作限度。限度就是限。比如，男女交朋友的时候，男孩子在大街上东张西望，嘴里叨唠着“那个女孩好漂亮啊”，这个时候，旁边的女孩子若没有什么表现，就表示这两个人之间根本没有爱情。你连这个都不限制他，能有什么爱情？男孩子东张西望，女孩子说：“那个女孩很漂亮，是不是？”他说:“是啊,我从来没见过这么漂亮的女孩。”女孩子说:“那你去找她聊聊天吧！”结果他真的去了。这个人可靠吗？不可靠。所以，这个限是要随时放在心里的。

“恒”这个字，左边是“心”，右边是“一”“日”，叫作一日恒。这样大家才能明白，为什么中国人不太讲“我爱你”，因为我们有《易经》。“我爱你。”“爱多久？”“爱你到海枯石烂。”那一定是假的。为什么？因为你不可能活那么久，你在开空头支票。“我爱你。”“爱多久？”“今天我爱你。”“那你明天就不爱了吗？”“明天再说。”这个人是实在的。因为谁都担保不了明天的事情。一天一天累积起来的才扎实。答应得快的人，经常都不会兑现诺言。老把“我爱你”挂在口头的人，未必就可靠。现在很多人没有这种观念，老觉得外国人都可以讲，我们为什么不能讲？不能讲自然有不能讲的道理。

我们是不可能不爱钱的。哪有不爱钱的人？说难听一点儿，不爱钱就是不求上进。

但是，爱钱要有限度。就是说合理的钱，你才可以要；不义之财绝对不能要。如果什么钱都要，这个人就没救了。生活中，我们应该懂得随时“刹车”，否则的话，非出事不可。

很多人开车，从山上往山下走的时候，经常有个坏习惯，就是踩空挡，让车自然滑坡，因为可以省油。但是，如果你临时需要刹车，却刹不住，怎么办？很多事情都跟车子一样，要先看看刹车灵不灵。而且刹车也是有技巧的，遇到情况时，你一脚刹下去，它肯定是刹不住的。刹车一定是要分两个阶段才能刹得住，第一个阶段，轻轻地踩刹车；第二个阶段，用力一踩，它就刹住了。但是，分两个阶段就必须要有足够的时间。一脚刹下去，它刹不住，刹不住就闯祸了。这个道理大家应该都懂。

所以，这个“限”是我们从小就要教给孩子的。你要告诉他，不义之财是魔鬼给你的钱，一旦要了，魔鬼就会控制你，你心里就会有贼，那叫“心中之贼”。心中之贼是一辈子都去不掉的。他就懂了。爱的教育就是要给他合理的限制。

我们有时候不太愿意讲这种话，因为听起来不舒服。可是，爱经常会宠坏了孩子，那个恶果是非常可怕的。而造成此恶果的原因就是没有一个限度。所以，孩子从小要管得严一点。你从小就放纵他，以后再想把他约束住，很难；如果你从小就能够约束他，随着他越大，越给他宽松一点的空间，他就会觉得很自由。这叫家风。

第三，阶段性的调整。我们从小就要培养孩子对金钱的概念，告诉他钱不能随便动，如果要用，也要经过家长的同意才可以。更不能私自拿家里的钱出去买东西。他问你：“为什么？”你要告诉他：“那样太可怕了。因为你买的东西不一定能吃，不一定能用。而且人家看到你手上有钱，一看你身边没有大人，说不定就把你抱走了。”你要让他有这种警觉性，让他有危机感。这就是中国人说的忧患意识。我们要给孩子从小树立忧患意识。你没有钱，别人不会抢你。这就是我们要从小告诉孩子“钱不露白”的原因。我们要告诉孩子，你不能随便跟人家说我家有很多钱，这样的话，人家就会来打我们的主意。

孩子进入小学以后，家长可以适当给孩子一些零用钱，给多少，家长自己决定，但是必须要求他每天回来跟父母报告钱是怎么花的。我们从小就要教会孩子怎么花钱。中学以后，家长再给孩子零用钱，就要告诉孩子，这些钱你自己决定怎么花，不够再说，有剩余你就自己存起来。到了高中、大学，家长就可以让孩子自己跟父母申请要多少钱。

作为父母，从小教会孩子怎么花钱，让他养成正确的花钱习惯，将来他自然懂得如何赚钱。人与钱的关系就像是拥堵的水管，要先把出口疏通，钱才能流动。进口通，出口不通，那就塞住了，就变成了守财奴。而出口通了，人自然会去赚钱，钱就自然流动了。所以，钱为什么叫通货，就是因为它本来就是要通的。你让它不通，那就出问题了。

当别人向你开口借钱的时候，你该怎么办？这些家长也要教给孩子。家长要告诉孩子，那也是用钱的一种。很多人就完全没有受过这种教育，因此交了很多“学费”。

对于这种事情，我们有两个原则。一是朋友之间有通财之义，但是要看平常有没有交情。有的人，他向你借钱的时候，你就是他最亲密的朋友，一进门就叫哥，可借了钱以后，连一个电话也没有。过了两年又来了，又叫哥，又要借钱。这种人你借给他干什么？他根本就没把你当朋友。二是救急不救穷。我们不救穷，穷救不了，急可以救。如果他这关通过了，后面就通了，你就帮他一下。如果你现在借给他，他下次还是没办法过关，那就算了。像这些东西，我们都应该传承下去，否则我们会经常被困在这种苦恼当中，很不值得。

定期、定量奉养父母

当我们进入社会开始赚钱，一定要定期、定量地奉养父母，不管父母多有钱，哪怕父母可以补贴你。这要双轨进行。

用我自己做个例子。我出来教书，领多少薪水，我真的不知道，因为我会把薪水袋——那时候钱还是用袋子装的，原封不动地交给妈妈，我根本没有拆开过。这样，如果我有需要，我父母再困难，都会想办法来资助我；但是，如果我赚了钱，却留起来自己用，到时候跟父母开口，恐怕他们也会摇头。

我们要知道，家人，永远要有一家人的亲情。所以，我两度失业都不在乎，因为我的爸爸妈妈说："你回来，家里无非就多一双筷子；你结了婚以后回来，家里也就是多两双筷子，无所谓。所以，你不要因为没有工作而受辱。"人生起起伏伏，有时候是你做错了而失业，有时候你没有做错却失业。有时候你失业是好事，因为你一转弯，反而做得更好。

如果家庭形成一种氛围，这个人过得好，家人就都捧他；那个人失落了，所有人就都看不起他，那这样的家庭就太势利了，还有什么亲情可言？

一家人就要彼此照顾。失败没有关系，只要不是你的错，家人是不会说你的。你有钱、有势了，也不要神气，因为回到家，你还是这个家里的人。像这些都要慢慢地形成一种惯例，不是规定。中国人很少用规定，因为规定下来以后，大家没有办法适应。每个人的状况都是变动的。比如，一个家庭如果兄弟姐妹多的话，前面几个孩子给父母的钱够用了，父母可能就会跟最小的孩子说："你刚刚进入社会，你的两个哥哥给我的钱也够用了，你就暂时不要给我们钱了。"

像我二弟，他是我们兄弟里面第一个到国外留学的。他跟我爸爸商量，说他想去巴黎留学，我爸爸就说："你去问你大哥，你大哥同意我就让你去。"那我就很为难，我让我二弟去，我就要把他的责任也扛起来。可这样一来，我们两兄弟的感情却更好了。可见，任何事情，都要事先有一个比较周全的思虑，这样后面就会减少很多问题。后来我二弟常常说："当年如果大哥不点头的话，我连巴黎都去不了。"我说："没有关系。你现在回来，照样依父亲的希望去做就好了。"

外国人老觉得中国人是愚忠愚孝，我们哪里是愚忠愚孝？我们是合理。合理是两方面商量，而且跟时空变化都有关系，因此它没有规定，只有一个大致。读《易经》读到最后，就四个字，叫"大致如此"，就是我们常讲的差不多，差不多就好了。

我举个例子。有一个总经理，请他的父母去吃饭，可是我发现他的父母都很不开心。我跟他们一家都很熟，所以我就过去问他的爸爸：“你儿子对你这么好，你为什么还不开心？”他说：“他哪有对我们好？”我说：“他请你们上这么好的餐厅吃饭，还对你们不好？”他说：“他是在显摆他比我们还行呢。我们当年没有钱，没有能力来这家餐厅，他神气，他能赚钱，他有。他就是这么想的。”这时那个儿子跟他的爸爸妈妈说：“爸爸妈妈，这家餐厅很贵，但是我常来啊，我知道它的菜好，所以我今天特别安排你们过来。”他的父母听了就更不高兴了，你来过好几次，却今天才请我们，你吃过第一次后不能请我们？谁的不对？当然是儿子的不对，就是这个儿子不会说话。

孝敬，那个“敬”很重要。这个儿子应该这样跟父母说：“爸爸妈妈，人家都说这家餐厅很好，我是没有来过，但既然大家都说好，我们就来试试看嘛。”如果他这样说，他的父母的感觉就会不一样了。可他不是。他接下去说：“我知道这里有几个菜不错，我通通点给你们吃。”他的父母听后十分生气。这个儿子错就错在没有“敬”。所以，“孝”后面其实不是“顺”，是“敬”。我们讲到这里已经很清楚了，家长就是要让孩子从孝顺慢慢变成孝敬。

穷日子、富日子都要过一过

我有一个朋友，他是不相信命运的，可偏偏他的好朋友很好心地跟他讲，说我会算命，我不要你给钱，我给你算一个，于是他就听了。他的好朋友说，你会赚到 40 亿，然后一无所有。他心里想，我能够赚到 40 亿，这已经出乎我的意料了，至于后来能不能留下，会不会一无所有，这个就不必计较了。

很多人听话总喜欢听一半，总是对我有利的我就听，对我不利的我就忘记。这件事后来有没有得到证实？他真的赚了 40 亿，然后真的在三年之内就破产了。于是他来找我，问我该怎么办。我说如果你还没破产以前就找我，我有办法，可你破产了再来找我，我有什么办法？

“富不过三代”也是人讲的，你只听到“富”，可后面那个“不过三代”呢？你说不会这样的，然后就不去听它，最后果然就“富不过三代”。历史经常这样重演，我们把它叫作“富不过三代”的魔咒。这个魔咒如果破不了，你永远会这样。因为所有的事情都是周而复始，循环往复的。那怎么办呢？就是我刚才说的那句话，你要是在没有破产以前来找我，我一定有解；你等到破产以后再来找我，那就无解了。在没有“不过三代”之前，你破掉这个魔咒就有用；等“富不过三代”已经成为事实了，那你就认了吧，没办法了。

这位朋友就很好奇地问我，说反正过去就过去了，我们现在聊聊也无所谓，你到底有什么办法？我说这个办法十分简单，你的好朋友已经很清楚地告诉你了，就是你有一个最高限度——40亿。他很“聪明”，我说完他就说他懂了。

其实，很多人都跟他差不多，总觉得自己很聪明。他说我赚到39亿就停下来，就不赚了，这个钱我就保住了。我说就凭你这句话，我就知道你保不住，他问为什么，我说30亿到40亿，一秒钟就实现了，他一想，对呀。当然，一般人认为钱是一个一个进来的，那这个人一辈子也不会成大富翁。能成大富翁的人会怎样说呢？我根本不知道，也没有想到它就进来了。出去也是一样。他问我怎么办，我说唯一的办法就是这边赚那边花，保持流通才叫通货，这样你手里永远有40亿，用完进来，就像积水库，几代都不会花完。他听完很兴奋，但是又很沮丧，说我早听就好了。

我想，类似的事情，其实每一个人都会经历到。他是很幸运的，在几年之内就完成了一个世代的循环。有的人是隔代，有的人要三代，当然这个“三”是一二三的三。中国人讲三从来没有固定说就是三，它是好几代的意思。所以，今天我们谈的这个问题很简单，就是我们只能延缓，只能拉长，无法断绝。你说我们家要世世代代永远保持这样，不可能！因为那不公平。风水一定要轮流转，有时候过过穷日子，有时候过过富日子，有变化才有意思。

我再举个例子给大家做参考。一个孩子生活在一个穷困家庭，他从小看到父母那么辛苦，他就会告诉自己，父母那么辛苦地把我养大，我将来一定要好好做人，一定要比他们赚钱多，让他们有一个好的晚年。这叫作反转的力量。就是这个反转的力量，使得这个穷困的家庭变得富有。

相反，如果这个孩子出生在一个富裕的家庭，那就不一样了。他从小就能感觉到生活很容易，衣来伸手，饭来张口。有的孩子到了考高中的时候，还一边看书，家长一边喂他吃饭。这样培养出来的孩子会想到父母的辛苦吗？他会想到长大以后，要如何奋斗来报答父母的恩情吗？不会。这也是一种反转的力量，就是使富贵变穷困的反转力量。这就是很多家族“富不过三代”的根本原因，这个原因在家里，跟外面没有关系，是你自己造成的。

因此，即便你再有钱，也应该让你的孩子体会一下穷困的滋味。这样大家才能了解，很多人很有钱，可还是会把自己的孩子送到乡下，并且会跟自己的亲戚或者朋友说：“我家孩子到你这里住两个礼拜，你就照你们家的方式让他生活，我把钱给你，但是你不能把钱用在他的身上，你要把钱用在他的身上，我就找别人，这一点我很坚持，希望你能帮这个忙。”就是这个道理。一个人如果没有经历过穷困，他的德性是培养不起来的。

关于这一点，《易经》里面讲得非常清楚。没有经历过困苦的人，是不会很踏实地过日子的。所以说，家里面永远都会有一股潜在的反转的力量，这是无形的，但是力道非常强大，它可以反转成这样，也可以反转成那样，这叫“一阴一阳之谓道”。穷变富，富变穷，循环往复。

而且，我们要明白，穷的日子，要快乐比较容易；富有的日子，要快乐比较难。我认识很多很有钱的人，他们的日子实在是不好过。有一个有钱人，他有一间很大的办公室，里面摆满了世界各地的纪念品，以表示这些地方他都曾经到过。一次，我去拜访他，到中午了，他就问我要吃什么，我问他平常吃什么。他说：“你不来，我平常根本就不吃。”我说：我们去吃海参，去吃鲍鱼。”他急忙摆手：“不去！吃怕了，吃得我现在有脂肪肝，有高血压，肚子还这么大，什么都不敢吃了……”他是很富有，可是什么都不敢吃，有什么快乐？实在饿得没有办法，买一点生菜，夹到馒头里，就着白开水吃，吃得好不快乐。这反倒是快乐了！

所以，那些总觉得自己很辛苦的穷人，只要去看看富翁们的实际生活状况，会发现他们的日子比你更难过。有一个故事是大家非常熟悉的。楼上住的是富翁，楼下住的是一个专门给人家修鞋的穷人。修鞋的人每天都唱歌，富翁很恼火：我这么有钱，都不唱歌，你一个穷光蛋整天唱个不停，难道你比我快乐吗？于是，富翁就问他的朋友：“为什么我这么有钱，我却快乐不起来，他那么穷，还能唱歌？他是真的快乐还是假的？”他的朋友说：“你不要管他是真快乐假快乐，这个只有他自己知道。但是我知道，如果你哪一天下楼，把你的财产，不用很多，给他三分之一，他就不会再唱歌了。”富翁于是决定试一试，第二天，他就走到楼下对修鞋人说：“你整天生活得这么辛苦的，反正我的钱也用不完，我送给你一些吧。”修鞋人感激不尽，可是从此他一首歌都不唱了，天天在烦恼：这个钱要藏哪里？人家会不会偷，会不会借？烦恼得晚上连觉都睡不着了，哪还有心思唱歌？

我们一定要正本清源，要让我们的小孩从小知道，就算有钱，也要过节俭的生活，因为钱是流通的，随时来，随时走。钱之所以叫作流通货币，就是因为它是流通的。钱会一会儿跑这里，一会儿跑那里，而且我们会发现，全世界的钱如果都跑到一个地方，那个地方就发达了，可如果哪一天又都抽回去了，那个地方就完蛋了。可见，是钱在主宰经济的发展，不是人在主宰。

破解“富不过三代”的魔咒

中国人喜欢追求荣华富贵，却常常脱逃不了“富不过三代”的魔咒。为什么富贵人家最终总会败落下来？

其实，“富不过三代”只能延缓，不可能阻止，因为那是迟早的事，就算到一百年也没用。一个百年是几代？二十年算一代，最多五代。风水轮流转，总该轮到别人走一走。我们现在所能做的，就是当我们“富不过三代”之后，不要让第四代、第五代更辛苦。我们应该给他们留什么？你所能留的就是两个字——积德。所以，每一代人不要把以前的积蓄在你这一代全部花光，要留点儿德给你的子孙，当“富不过三代”的时候，让他们还能够撑得下去，不会太辛苦，这是最好的办法。

人生一世，功名利禄都是身外之物，生不带来死不带走，但是你的德性会留下。比如我们在路上看到一个小孩儿摔倒了，如果我们认识他的父亲、母亲，又觉得他父亲、母亲人很好，我们再怎么样也会帮助这个小孩子；可如果我们发现这个小孩儿的爸爸以前看到谁都要发火，神气得不得了，那我们最多简单地扶他起来，就不管了。这是人之常情。这不叫差等的爱，这叫作伦理。

我们不可能以德报怨。有人说不是有"以德报怨"这句话吗？那是我们误读了《道德经》，《道德经》里的以德报怨是说，你事先用你的品德跟别人相处，就不会让别人怨恨你，你也不会去怨恨别人，这样就把怨用德事先预防掉、化解掉了，而不是有了怨以后我再用德来报他，那算什么？一个前，一个后。没有怨恨以前，你做到让别人对你没有怨恨，这是积德；有了怨恨以后，你再用德来回报那个人，就是没有是非观了，那对你好的人不是都白忙了？

所以，我们一定要有一个心态，就是我们家能够传几代，其实我们也定不了，子孙有多少，谁都没有办法控制，那还去计较这些干什么？但是，"积善之家，必有余庆"，善就是德，积德的家庭，它一定有很多好的征兆、好的现象发生；而"积不善之家，必有余殃"，积不善的家庭，也一定有不好的事情发生。如果你连这个都不相信，那就没有什么好相信的了。这就像街道上的红绿灯，不容你怀疑，叫作不证自明。世界上有很多东西是不需要证明的，因为不证自明。

我们要想把家风一代一代传下去，不能靠教训，也不能靠讲道理，而是有一些活动你要带自己的孩子去参加。如果不能带孩子去，你去了，那就相当于到你这一代为止，他一无所知。现在很多人不知道什么叫《道德经》，你问他什么叫《道德经》，他说我知道，那是道教拿来念经的。《道德经》跟道教有什么关系？

还有人的回答更妙！他说我知道有《道德经》，但是我不能看，我说你怎么不能看，他说因为我信基督教，所以不能看《道德经》。这种回答更是奇怪。

人会富不过三代，就是满招损的结果。我懂了，我知道了，我已经这么了不起了，我们家的钱好几辈子都用不完，那就招损了。钱要善用，取之于社会，用之于社会，但是当你用之于社会的时候，不要老想着我要赚回来，你要赚回来就不叫公益了。

现在很多人不是这样。他们到庙里去拜佛，往功德箱里捐钱，看到自己捐的钱比别人多，人家捐十块，他们捐一百块，就跟佛祖说你要保佑我赚更多的钱。这种人拜佛是没有多大用处的，只会惹得神佛生气。《易经》里面就有这样的说法。没有钱的人去拜佛，说求求你保佑，感谢你保佑，其他什么也不敢讲。神佛就很有面子，他就会保佑这个没钱的人。可有钱人去就不一样，他会说你看我投了多少钱，你看到没有？看清楚了没有？别搞错了！神佛心里想，我还在乎你那些钱，你把我当贪官污吏了？然后可能就会修理你。

这方面的事例非常多，只是我们现在认为这些是没有价值的，也不会讲给孩子听，宁可让孩子去读《伊索寓言》和《格林童话》。你准备把孩子变成什么样的人？一个人的童年如果没有中国味道，他将来长大会是中国人吗？那样的话，你的钱都白赚了。当然，我也不反对你把在中国赚的钱送到外国去，因为这本来就是我们平天下的一种很伟大的工作，但是如果多数人都这样做的话，想想看，我们还有国家民族的观念吗？没有国家民族的观念，你就不需要做什么了，专心去做外国人好了。我很坦白地讲，外国人很容易满足，所以他们的快乐其实都是很粗浅的快乐。

我到夏威夷的时候，觉得夏威夷的生活太好了，真想买一栋房子住在那里。但是，一个礼拜以后，我就打消了这个念头，因为我受不了了。人家外国人每天早上起来带个铲子，拎个水桶，带个席子，就到海滩上去，挖一个洞，把自己埋起来。他可以三个小时不动，我都不知道他在干什么。而中国人则躲在椰子树底下看，看二三十分钟就想走了，这时候突然有一个椰子“嘭”地掉下来，打到一个中国游客，中国游客看看也就算了，自认倒霉，走了。有一个外国律师过来对他说，你要告我们的政府，这是可以请求国家赔偿的。中国人说算了吧，外国律师说，你告，输了我不要你的钱；赢了，赔偿款我们一人分一半。中国人一听这样，那就告。告的结果怎么样呢？你现在到夏威夷去看，夏威夷政府已经把所有的椰子树全砍光了，让你下次还告！

我们把夏威夷叫檀香山，是因为那里有檀香木，可后来全部被砍光了。因为他们说，有檀香木，中国人就会来，我们把檀香木砍光了，看你们还来不来。我们都不清楚这些前因后果。我有一个朋友，他整天待在家里，哪里也不敢去。我问他为什么？他说一想起自己以前的所作所为，就不敢出去。我问他做了什么坏事，他说说起来也不是坏事，就是好几个国家山上的树都是他砍光的，现在想起来，他连饭都吃不下。

富不过三代，也是因果报应。善财还要流通，还要回馈，何况不义之财，那绝对留不了多久，来得快，去得也快。如果你赚的是这种钱，真是要好好检讨一下。

家风里习惯和生活技能的培养

凭良心是最可贵的习惯

大家都知道，人是习惯性动物，一个人若养成什么习惯，以后要改，是非常困难的。所以，好习惯一定要从小培养。但是，如果我问大家，什么叫作好习惯，恐怕很多人都会很伤脑筋，因为大家所能想到的无非就是认真、负责、勤劳等，而这些习惯我们的老祖宗已经讲了几千年了。

人生最可贵、最基本的习惯，很多人可能都没有想到，就是凭良心。现在的很多人都不是凭良心，他们不凭良心已经成为一种习惯了，那是很难改的。他们认为只要有市场，能赚钱，好卖，我可以加薪，全家人都因我而光彩，老板看到我都笑呵呵的，就够了，我错在哪里？其实，他就错在一个不凭良心而已。所以，大家一定要记住：凭良心是无形资产，是最可贵的，是我们从小就要养成的习惯。

我很幸运，曾经遇到过这样一个家庭。那家的孩子才五六岁，可他居然跟他的爸爸说：“爸爸，我今天做错事情了，可是我不知道我错在哪里，你能不能告诉我？”我问他的爸爸：“你是怎么把孩子教得这么成功的？一般小孩儿都是哭、闹，跟你没完没了，你家小孩儿怎么会说出这种成熟的话呢？”他说：“这是我们无意中教出来的。”我说：“那太好了，你是祖上有德，你把过程讲给我听听。”他说他们夫妻二人个性都很强，经常吵架，有了小孩儿以后，他们就坐在一起商量，说以后他们不能再吵架了，再吵架对孩子不好。他说他当时只有一个想法，就是小孩子在妈妈的肚子里，如果妈妈常常生气，胎教一定不好，他的想法很单纯，只想到了这件事情而已。所以，他就跟他的太太讲，我们最好不要吵架，让孩子很平和地成长。我们养成好习惯，将来孩子长大了就不会受累。他们夫妻俩就这一点达成了一致。可是夫妻天天在一起生活，还是难免会吵架。于是他们就利用周末，两个人什么事都不做，就坐在家里好好地谈，谈他们两个人为什么会吵架。谈到最后，结果很神奇，他说就是因为他们中的一个人做错事情了，另一个人说他错，他不服气，就恼羞成怒，就蛮不讲理，所以就生气了。

我们中国人，做错事情自己心里明白，自己会改，用不着别人啰嗦。大家想想看，哪个人不是这样？你说我，我就不承认；你不说我，我反而会反省。后来他们夫妻俩就有了默契，他们做了一个最好的示范，就是一旦犯错，自己赶快说出来：“我做错了。你告诉我，我错在哪里？”他们发现这个效果非常好。先生如果说我有错，你告诉我，我错在哪里？太太就说其实你的错，还不如我的错多，你先说我错在哪里？结果两个人就吵不起来了。

长期以来，研究中国民族性的人都犯了一个很大的错误，认为中国人很被动，要推一步才会进一步。事实上完全不是这样的，大家扪心自问：你是喜欢自动，还是喜欢被动？我相信答案是不言而喻的。同样一个中国人，当他被动时，他非常计较——你又没有给我多少钱，我为什么要为你拼命？所以能推就推，能拖就拖。当一个中国人心里头感觉到自己是被动的，他是天底下最可恨的人。可是，当一个中国人是自动自发的，情况就完全不一样了，你跟他说："这个工作挣钱少。"他会说："钱少有什么关系？人是为钱活着的吗？"你说："那个任务很困难。"他会说："就是要有挑战性才好。"这时候他是完全不计较的。

再比如，一个中国人，他要请你客的时候，你跑都跑不掉；可你要他请客的时候，他会推得干干净净，不请就是不请。这是很奇妙的事情。中国人做生意，可以为了五块钱跟你讨价半天，协议达成以后，花 1000 块钱请你吃饭，他一点也不在乎。这都是外国人觉得很不可思议的事情。

中国人自己愿意做的，他不会跟你谈钱，也不会计较辛苦，他会全心全意去做。所以一个会当领导的人，不要使得自己的属下被动，否则会很吃力，会觉得属下怎么都那么讨厌；如果你有办法造成属下自动自发，整个团体就会一团和气，万事顺利。凡是喜欢发号施令的人，都不是好领导。因为你一发号施令，属下就感觉到自己是被动的。

关于这方面的经验，我有很多。比如我到总经理室坐下后，总经理开口跟秘书说：“给曾老师倒杯茶。”我就知道我倒霉了。因为那个秘书心里会想：哪一次不是我倒的，要你讲？然后他就倒一杯滚烫的茶。而我马上要讲课，不可能在总经理室坐太久，他倒给我一杯滚烫的茶，叫我怎么喝呢？这个总经理就是在帮倒忙，本来不会发生这种事的，总经理只要用眼睛看看秘书，秘书就会意了，就去倒茶，何必要讲出来呢？就算总经理真的要讲出来，也要会讲话才行。这种情况下，总经理要讲也只能跟我讲，不能跟秘书讲。他可以说：“曾老师，您喜欢喝什么茶？”那个秘书就知道自己这时候该上茶了，于是倒一杯茶来，那个茶水一定差不多温度，刚好可以喝，这样不是大家都很好吗？中国人讲话是很有艺术的，有时候我跟他讲话，其实是讲给你听的；跟你讲话，其实是讲给他听的。这也是经常使得外国人一头雾水的地方。

可见，中国人做事，只要是自己愿意的，是自己主动去做的，就一切都好说。这样我们才知道，孔子的反求诸己不仅仅只是一句话而已，它是特效药。我再说一遍，这是一个非常重要的过程。中国人非常机灵，反应很快，任何事做错了，他心里都有数，他知道自己错了。可是别人一批评他，他就死不认错，给自己找各种理由，这就叫“吝”。上面一个文，下面一个口，就叫“吝”，意思是嘴巴找很多理由来掩饰过错。因此，我们必须要逆向思维，当你做错了，你要先说“我错了，我错在哪里你告诉我”，这样一来，对方说出你的过错，你就不会觉得被指责了，而是会认为是你请他说的，这样你才能心平气和地接受。

上面提到的那位爸爸说，没有想到，他们夫妻之间有了这个习惯以后，居然会影响到孩子，孩子在无形当中也学会了，也不再哭闹了。如果孩子不小心摔坏了玩具，他会说：“我把玩具摔坏了，我一定有错，但是我错在哪里？我怎么才能不摔坏它？”可见任何事情，我们都要冷静地、心平气和地把根本原因找出来，这样一来，所有的坏习惯都会在一夜之间被改过来。

敢认错很难

我们往往太重视有形的习惯，勤劳看得见，负责看得见，节俭看得见，认真看得见……实际上还有更高层次的东西，那就是看不见的习惯，这个更重要。人生最可贵的看不见的习惯：第一，凭良心；第二，敢认错。敢认错很难，大多数人都是死不认错。死不认错只能让自己倒霉，可是这个习惯很难改，一定要到有一天你付出了代价才知道改。当然，那一天你付出的代价多半太过沉重，划不来。

我有一个长辈，现在已经往生了，他当时生意做得非常好。他跟我讲，他年轻的时候特别固执地认为，做生意就是要交际应酬，不然生意做不起来。所以他跟很多人都喝酒，花很多时间在交际应酬上，把自己搞得很累。但是他觉得自己没有办法，身在商场身不由己，不这样不行，他没有错。后来他的女儿不幸出了车祸，可他在外面交际应酬，都来不及回去救女儿，他觉得很伤心，然后他就跟自己发誓，从此不再参加任何的交际应酬。

他接下来说的一段话很值得我们思考，他说："没想到我不参与交际应酬，生意反而做得更好。"听他说到这里，我不敢说话，因为我不是他，我没有权力说什么话。最后他终于说出了他想说的话，他说："其实我今天想告诉你，就是我想喝酒，我才觉得应该交际，如果我不想喝酒，就觉得不用交际，正当的来往照样可以把生意做好。"我还是不说话，因为我不说话，他才会继续说。其实人很矛盾，你赞成他也不好，反对他也不好，我那时候才深深地感觉到，安静地听人家说话，是一门很好的艺术，这门艺术就叫作"默"。

默就是不开口说话，做一个好的聆听者。其实我们学西方的东西，一直在学这个，叫作好的聆听者，但是学归学，大家根本没有用上。想想看，牧师多辛苦，每个人来告解，他通通要听，听多了就会很烦，可那是他的职业。从这里我才领悟到，有时候听人家诉苦，也需要一种忍耐的习惯。

乐意分担责任也是一种习惯。所以在家里，只要是亲人，就不要牵扯到钱财的交往。现在很多家长，很喜欢让小孩儿做家务，然后给他相应的零花钱，结果怎么样？那就没有亲情了。我们分担家务，是责任，是亲情，是凭良心，也是求得好死，这都是连贯起来了。我们一定要明白，无形的东西是比有形的东西更有力量的。

我们家必须是这样

我们要把孩子当作家里面的一分子，否则的话，他跟路人有什么不同。如果你的孩子问你："爸爸，为什么别人可以我不可以？"我不知道你怎么回答，但我希望你告诉他，每一家是不一样的，我们的祖宗要我们这样做，我们是他的子孙，我们就应该这样做，至于别人家的事情，我们管不了，他们自己做主就好了。

为什么要一样？如果天底下每个人都一样，这个社会就乱套了。社会需要各色各样的人分工合作，才有办法和谐共存。老天要让我们做不一样的人，不是要让我们做一样的人。但很可惜，我们现在学校里的教育，却是把每个孩子都教成了一模一样，这样大家都很痛苦。我生来就不想读书，可你却勉强我读书，我成为一个很好的农夫，有什么不好？将来有一天，搞得我们的农村都没有了，那就糟糕了，难道我们的粮食通通要从国外进口？那是非常可怕的事情。我常常问人家，当你没有粮食吃的时候，电冰箱能吃吗？电脑能吃吗？那都是不能吃的，最后你还得乖乖地去吃米、吃面，要不然你就会饿死。

我们要知道，孩子既然生在我们家，他就是心甘情愿做我们家的人，他就要接受我们的家风。在现代社会中，人们更加强调自我，家庭观念越来越淡泊，甚至有的年轻人对父母说："你们当初生我的时候，又没跟我商量，现在不要来管我。"那么，我们出生在某个家庭里，真的是一个偶然吗？

家是我们自己选择的，不像一些人所说的，是父母把我们随随便便生下来的。反过来想，假如父母真的随随便便把我们生下来，我们还要孝敬他们吗？有这个必要吗？为什么我们那么重视孝，就是因为我们的祖先已经知道，我们是选好父母，然后才来投胎的。既然父母是你自己选的，你就应该尊敬他们，就应该孝敬他们，这样你才能了解为什么"子不嫌母丑"。妈妈长得再难看，你是她儿子，你是她女儿，你也不能嫌弃她。

所以，从这个角度来讲，我们家传承什么样的家风，作为子女，就应该接受。这样他就知道了，别人家怎么样是别人家的事，而我们家必须是这样。

己所不欲，勿施于人

做人最要紧的习惯是将心比心。将心比心不是说我喜欢，你就得喜欢。有一次我在电视上看到这样一句话——己所欲，施于人。我真的觉得很惭愧，己所欲怎么可以施于人呢？有的人一辈子只是在传播一句话：好东西要跟好朋友分享。

是真的吗？我们的圣贤是怎么说的？己所不欲，勿施于人。我们只能讲“己所不欲，勿施于人”，绝对不能讲“己所欲，施于人”，因为它们完全是两码事。比如，我喜欢喝咖啡，我让你来陪我喝，你说你不能喝咖啡，因为你喝了会睡不着，我说这是习惯问题，喝两天就习惯了，这样做可以吗？我喜欢喝咖啡，你喝咖啡会睡不着，我为什么要勉强你呢？

中国人说，我不喜欢的东西，我不敢给你，因为可能你也不喜欢；至于你喜欢什么，你自己来拿，我不勉强，也不反对。说实话，喜欢不喜欢只有自己知道，别人不知道。他可以为了巴结你，为了讨好你，装得很喜欢，可他明明晚上回去会睡不着。他陪得你很高兴，这个罪他受了，这个果要谁去承受？当然是你承受。自作自受。

将心比心是说，我喜欢，你喜欢不喜欢我尊重你，但是我不喜欢，可能你也不会喜欢，可是如果你喜欢的话，我也尊重你。这样才对。这样我们才能够了解孔子为什么说“无可无不可”，天下没有什么可，也没有什么不可，因为每个人不一样，而且，人也会随着时空的变化而改变。

做人要有弹性

有一位老教授大家都很熟悉，叫钱穆。钱穆先生在国内的时候，你问他喝咖啡吗，他会说我不喝咖啡，我喝茶。可是他到美国以后，美国人问他你喝茶吗，他却说我不喝茶，我喝咖啡。有人听后吓了一跳，问怎么回事，他说，在中国茶好喝，我当然喝茶；到了美国，找不到好茶喝，那我就喝咖啡了。这才是有弹性的人。活人跟死人不同，就是活人有弹性，死人没有弹性，就是这个差别而已。

当你搞得自己非怎么样不可的时候，你就已经快完蛋了，因为那就表示你已经僵化了。这样大家才明白，为什么人家问你，你喜欢喝咖啡还是喜欢喝茶，你不会告诉他肯定的答案，因为你摸不清楚，到底是茶好还是咖啡好。你说随便，随便就是你凭良心，茶好给我茶，咖啡好给我咖啡。我喝着好，我觉得你就是凭良心；我喝着不好，我就瞪你一眼，表示你不凭良心。这才是标准的中国人。

中国人是最会做人的，他会提前打听你喜欢喝什么。如果你喜欢喝咖啡，他会打听你喜欢哪个牌子的咖啡，这就是诚意，哪里还需要问人家要不要。老实讲，在中国，一个有修养的人，你问他要不要，他肯定回答不要，他永远不会说要。像我们家，没有人敢问我爸爸要不要喝茶。我们问：“爸爸，你要不要喝茶？”爸爸只会看看我们，他从来不会回答，他心里在想：你们问什么，有什么好问的，你们问就是逼我给你们难堪。我说不要，你就真的不给了，那你完全是虚无的，完全是做样子，那像一家人吗？所以，我们家会这样，看到爸爸的茶现在喝得差不多了，你现在有空，就去倒一杯，这就叫诚意。

我们说，无形的习惯很重要。我们现在比较糟糕，因为我们受到科学的影响，认为看得见的习惯最重要。其实看得见的东西都是空的，因此佛经里才会说：“色即是空，空即是色。”那个“色”就是物质，所有的物质都是虚假的，都是不真实的。很多人肯定会质疑，那怎么会是虚假的，明明就是真的。而那个“空”，就是我们不能掌握，无法管控的。

所有的物质最后都会消失不见，都会变成能量，没有哪一种物质是持久的。比如桌子，能够几百年一直存在吗？大概没有那么久，它很快就会消失得无影无踪。所有看得见的东西的寿命都很短，而看不见的东西的寿命却很长。人活着，最多一百多年，可人死了以后，没完没了，长长久久。这样大家才知道，为什么我们中国人是争后面那个千秋，而不争现在这个一时。现在受委屈，现在穷困，现在忍耐，有什么了不起？后面海阔天空比较重要。

现在很神气，现在高人一等，现在再好，后面凄凄惨惨的，有什么用？

高人一等，其实是一种习惯。有的人一辈子烦恼，就是因为他老觉得自己高人一等，觉得自己跟别人就是不一样。那个东西你可以吃，我就是不能吃；这个地方太脏了，你们怎么坐得下去？有一些人有洁癖，有洁癖的人是很难结婚的，因为大部分人都怕他。人不能够不爱干净，但是过分爱干净的人，身体也不会健康，这就是止于至善的道理。头发不能不洗，可天天洗，头发也会抗议：你有完没完，天天找我麻烦，让我歇一下不行吗？

无形的习惯我们经常是不注意的。我们现在讲习惯，一定要一阴一阳两边并重，先把无形的习惯养成，有形的习惯很快就会建立起来。凭良心的人，他不会捣乱，不会在家里面乱吵乱闹，到外面也不会声音很大。

说实话，现在外国人对中国人很不耐烦，第一，就是因为我们的声音太大、太吵了，走到哪里吵到哪里。要那么大声音干什么？第二，就是中国人排队一定要跟你贴在一起。你贴得那么近干什么？外国人最怕你碰他的身体，那是最不礼貌的行为，可中国人动不动就去扶人家，就去扯人家，然后靠得紧紧的。外国人很不耐烦，但是也不说出来，那就只能靠我们自己反省了。你排队就排队，急有什么用？急，只能得高血压，只是细胞死一大堆而已。所以，你不如悠闲一点儿，慢慢等。等待也是一种习惯。

如果你没有等待的习惯，一生都会很急躁，很操劳，最后把自己搞得心情不平静，身体不健康，实在是没有任何好处。

把无形的好习惯养成，它自然会带动有形的好习惯，这叫作“以虚控实”，这也是老子所讲的“有无相生”。要注意，这里面“无”是根本，“有”是从“无”里面生发出来的。

重视无形的东西

人活着就必须要生活，生活会有一套习惯，这个习惯是由生活技能慢慢养成的。请问大家，拿筷子算不算技能？我相信很多人都认为拿筷子也算技能。现在很多小孩子都不会拿筷子，甚至到了大学还是不会，我们就会觉得，他的父母实在是做得不好。走路，算不算生活技能？有些人实在是很糟糕，因为眼睛长在前面，镜子摆在前面，就好像把人削成一半，只看到前面，后面完全看不到。我们很难有机会从背后看我们自己走路。我很遗憾地说，十个人中有七个走路是不成样子的。拿东西，算不算技能？察言观色，算不算技能？这样大家就清楚了，我们总觉得生活技能是我会刨木头，我会做一道菜，我会做什么，其实那些不叫生活技能，那叫职业技能。

生活技能是每一个人都要用的。“龙生龙，凤生凤，老鼠生儿打地洞”，这句话是什么意思？就是说父母怎么拿筷子，小孩儿就学着你的样子去拿筷子。因为会成为一家人，就是有缘有分。一般人都把“缘分”看成一样东西，实际上“缘”是前世带来的。我们都是第一次见面，可有的人你见到他就很想和他打招呼，有的人你连理都不想理，这就是以前所累积下来的缘，不是现在才发生的事情。有缘你自然会多看他几眼，多聊几句；没有缘你看一眼就算了。“分”是今生有没有机会相聚。很多人有缘，可就是没有分；还有很多人没有缘，可是最后却凑在了一起，就变成有分了。比如飞机失事的时候，所有人都往生了，就剩下一男一女，你说他们会怎么样？如果一段时间没有外界的增援，他们会怎么样？那时候没有分也变成有分了。

缘如果是今生的，拿什么造就人？有的孩子可以平安地长大；有的孩子是长不大的，只给你三个月的缘就走了；有的孩子跟你只有 15 年的缘。现在越来越多的子女跟父母只有 15 年的缘。为什么？因为他初中毕业就想：我要去美国读书，我不跟你们在一起了，咱们从此不再见面了。很多人都没有想到这个事情。

所以，生活技能就是看缘深不深。父母这样拿筷子，孩子偏不这样拿，父母就要花点儿时间去研究一下，这是什么道理。因为小孩子有两种可能性，一种是到你们家来报恩的，另一种是到你们家来报仇的。但是你很难知道谁是来报恩的，谁是来报仇的，因为缘是前世结下的，你看不见，电脑上也查不出来。那怎么办？有人说我仔细观察。你有多大本事？小孩子是很灵光的，他绝不会一开始就表示我是来报仇的，或者我是来报恩的，只有大人才会如此。所以我们说大人直来直往，其实是不聪明的，你把你的企图心完全让人家知道，对你有什么好处？

老子告诉我们："国之利器不可以示人。"国家研发了秘密武器，一定不会让别人知道，因为那是我们最后取胜的一个利器。如果展示给别人看，别人一定研发出更高级的武器对付你。当今各国恶性地发展军备，就是因为每个国家都拼命地想要展示。老子的这句话，是值得很多国家反思的。

比如，有一次，美国的警察组团去拜访英国的警察。西方人很喜欢在电视上交流，于是电视台就做了转播。一边是美国警察，另一边是英国警察，双方开始交流。美国人比较喜欢先说话，英国人比较深沉稳重，他们就让美国警察先说话。美国警察就开始问英国警察：你们怎么可以不带枪呢？英国警察是从来不带枪的。英国的警察就回问美国警察一句：你们怎么老带枪呢？美国警察说：我们如果不带枪，都要死在盗匪的手上。我们是为了防卫，不是为了杀人。而英国的警察说：我们如果带枪的话，就暴露了我们的武力，那些盗匪一定会提高他们军火的等级，我们最后会死得更惨。

双方讲的听起来都有道理，因为都是歪理、偏理。一个不带枪，一个带枪。那么，警察到底应不应该带枪呢？

如果带枪，会经常出现防卫过当；如果不带枪，就是想防卫过当，也无从做起。可是如果不带枪，真的很危险，尤其是警察在明处，盗匪在暗处，随时可以取人性命的时候。美国警察带枪，英国警察不带枪，最后都不敢单独行动。两个人一起出去，这边归我巡逻，那边归你巡逻，你保护我，我保护你，不然怎么办？这就是因为利器都已经展示出来了。

人们现在动不动就要透明化，就要展示给别人看。实际上，西方人现在之所以越来越搞不过东方人，就是因为只要一公开化，东方人一定占便宜，西方人一定吃亏。西方人个性比较直，说公开化就真的公开化，连还没有完成的都公开化。中国人则是，可以公开的，我就公开化，不能公开的，就是问我也不说，这样才能永远占上风。但是，西方人觉得东方人这样做不对，因为不透明，于是他们就开始利用这一点来攻击我们。

其实，老子的话并不是这样的意思。展示不展示，对老子来说都一样。他是说，国家应该有好的武器，国防是不可舍的，这叫作防人之心不可无。但是如果有了武器，就到处去逞强，到处去跟别人联合军演，无意中就会把某些数据展示给别人，最后自己一定倒霉。因为别人一定想尽办法超越我们，这叫自讨苦吃。而自讨苦吃又不能自得其乐，那又何必做呢？

人类越来越肤浅，而不是越来越有深度。特别是网上和短信、微信中的信息，都是断章取义、片面的信息，根本统合不起来。这也是生活技能，影响着你怎样去研判一个人，判断他存心干什么。西方人喜欢研究人的行为，可是行为是可以造假的；我们中国人很重视人的动机，动机是看不见的。这样大家才知道，为什么我们对无形的东西特别感兴趣。但是如果你过分重视科学，就不会看到无形的部分。比如孩子出生了，你只会关注他健不健康，带他去做体格检查，测量身高、体重。

大家应该好好想一想，我们就拿这二三十年，你自己可以体会得到的事情举例，现在我们对健康越来越重视，对营养越来越不敢马虎，对于自己的身体状况越来越重视，但是癌症却越来越多，大家活得越来越不开心，身体的亚健康状况很普遍。而且，很多疾病的发病时间都越来越低龄化，这不是很矛盾吗？可见，有形的东西只报告一小部分而已，大部分还是靠无形的东西。无形不神秘，不迷信，它实实在在就在那里，只是我们没有去读老子的书，不知道“有”跟“无”是一样的。

老子最高明的地方就是告诉我们，“有”就是“无”，“无”就是“有”。可是有些人用科学的思维来看就不能接受，质疑“无”怎么变“有”，“有”怎么变为“无”。老子说“有”跟“无”是同样的，只是我们给它取了不同的名字而已，我们把这个叫“有”，那个叫“无”，实际上它们是一样的。

了解自己的身体

老子在《道德经》第四十章告诉我们：“天下万物生于有，有生于无。”“有无互生”是老子重要的哲学思想，但是，这与一个人的生活技能有什么关系呢？

当然有关系。人最要紧的生活技能就是了解自己的身体。身体是最诚实的，它会把你的健康状况如实地表现给你，可惜你看不懂。要知道，所有的毛病都是你自己造成的，你要跷二郎腿就跷吧，后面的问题你自己负责。所以我们说坐要坐得正，站要站得直，听起来这是在要求你干什么，其实所有的要求都是为你的健康着想。

当你的身体感觉到舒适的时候，说明它损坏得很严重。比如，有的人睡床要睡软床，睡硬床会觉得很不舒服，这就说明他已经养成坏习惯了。当人们长时间睡在软床上的时候，无论采用哪种睡姿，都会造成脊柱的不正常弯曲，轻者会发生人体正常生理曲线的变化，使其失去原有的健康人体美，重者还有可能形成偏肩、驼背等畸形形体，给人体的内脏器官造成一定的压力乃至损伤。

相对于成年人，过度柔软的床对处于生长发育期的青少年危害更为严重。因为青少年尚未发育成熟，骨骼中无机盐含量较少，而有机盐成分如骨胶原和骨黏蛋白的含量则较多，骨骼比较柔软，可塑性强。长期睡软床容易导致骨骼变形。据医学专家统计，长期睡软床的青少年中，患脊柱畸形的占 60% 以上，而长期睡硬板床的仅有 5% 左右。因此，对于青少年而言，尤其不应当贪图软床舒适，以睡硬板床为好。

再比如，电视机装在客厅已经很麻烦了，你还要把它装到卧室里面躺着看。这是害自己。我常常讲，一个人最大的敌人就是自己。把自己害得最惨的人绝对不是别人，一定是自己，因为你认为自己很聪明，认为自己什么都知道了，实际上却差得太远。现在的很多有钱人，最大的毛病就是没有老师，他们认为自己什么都懂，为什么还要听别人的，我讲给你听还差不多。于是，他们的反转就开始了，他们会倒退，判断力会变差，生活能力会减弱，会连自己有什么病都不知道。说实话，所有的一切都在你身上，都已经很齐全了，不用向外去找。

我有个建议给大家做参考。我们的祖先有一个很高明的地方，叫作只活动不运动。大家想想看，我们历史上从来没有跑几千米、掷标枪之类的运动项目，那都是西方人发明出来的。现在的人很奇怪，花钱去健身房，在跑步机上跑步，感觉自己很先进，很爱护自己。太无知了！凡是运动必定有后遗症，叫作运动伤害。而活动是没有伤害的。所以我们常常说活动，很少说运动。我不反对咱们国家参加奥林匹克运动会，因为我们要国际化，我们要跟外国人多少有点儿来往，但是不要认为那就是好的。有些运动员打乒乓球打到最后，整个手指头都变形了。身体如实地告诉你，你得了什么毛病，将来会怎么样，现在应该怎么样及时地去调整、去补救，可是你却无视它。

有了机器人以后，人更危险了。为什么？因为如果有一天机器人反过来控制人类怎么办？现在的人还会扫地，以后的人是不会扫地的，因为都是机器人在扫，他们连怎么扫地都不知道。还有人在门窗上安个微型电脑，遇到风雪天，家里的门窗自动就关了，他就很放心，觉得他家很安全，可回到家才知道晚了。为什么？因为整个机械系统故障，机器人休假了。你有没有想过这些，我不知道。可是，当人类丧失了这些基本的生活技能以后，你再想回头，很难！

培养孩子的生活技能

心算也是生活技能。有些中国人没有接受过正规的教育，可是他的心算很厉害。可你到国外去看，十张十块钱是多少钱他们都不知道。有人不相信，觉得那只是笑话，你自己亲自去看看就知道了。十张十块钱是多少钱，他们还要拿计算器来算，心算能力完全丧失了。

有了电话以后，我们就不会写信了，以后也没有书信了，连情书都找不到了，因为没有人写了。有了电脑以后，我们写东西就错字连篇。写书信的能力，写字的能力……这些都叫生活技能。走路不会走，穿衣不会穿。现在男人拿西装，十个中有八个是不会拿的，拿西装领子的方向都拿错了，还好意要帮人家脱衣服，搞得人家全身都很别扭，因为你不知道怎么样去帮忙。你给人家夹东西吃，其实人家怕得要死。为什么？你专门给人家夹鱼背，而鱼背是最难吃的，你是好意还是坏心？

还有一个更重要的生活技能，也是大家现在更没有办法养成的，叫作察言观色。你一开口，爸爸已经不高兴了，可你还一直讲一直讲，最后他气得打你，你还问他为什么打你，那是你活该！

我小的时候，哪里敢爸爸回来就跑过去抱他，我有这么笨吗？我是一听到爸爸回来，就赶快坐到书桌前，然后观察下，发现爸爸今天还挺开心的，就收起作业过去跟他聊天；如果爸爸的脸色不对，就赶快做作业。你说这个是投机取巧。我为什么投机取巧？就是尊重他，不想惹他生气。

我们小时候考试不及格是要挨打的，打到及格为止，考 40 分打 20 下。可有一次，全班都考不及格，这怎么办？回去挨打冤枉，但是又非挨打不可。那天很多人都挨打了，我就没有，因为我在路上就已经想好，我回去该怎么做。这就是生活技能。保障自己是最大的生活技能。

我那天回去，主动跟我爸爸讲，今天学校好有趣，我爸爸问什么有趣。我说今天考试了，爸爸说哪天不考试，我说可是全班学生都考不及格，爸爸说怎么会有这种事，你乱讲。我说是真的，老师也觉得很奇怪，很少有的。于是爸爸就问，那你考了多少分。我就把考卷拿给他看，结果爸爸跟我妈妈讲了一句话，我一辈子都不会忘记。他说我们的儿子还不错，考了 80 分呢。全班都不及格，我怎么可能考 80 分？因为我考 50 分，可全班都不及格，50 分就是 80 分，我就不用挨打了。明哲保身不是生活技能吗？打了才说“冤枉”，那都是活该。什么话都应该先讲，这才是最基本的生活技能。

现在，我们都很急躁，而且很轻浮。比如，人家讲话，你安安静静地听不可以吗？“哎”“对”“嗯”……你老出这些声音干什么？好像你不出声音就不存在一样。可不存在又怎么样呢？有时候人是要不存在才叫恭敬，才叫尊重别人。这些到底是习惯还是技能？我认为是技能，因为它跟你的生活，你的升迁，甚至你家庭未来的发展都有很大关系。可惜学校没有教好，家长也不懂。家长为什么不懂？因为他们的时代使他们不懂，这叫作时代的悲剧，不是他们不好。

很多有钱人不知道自己有钱并不是因为自己有能耐，但是他的嘴巴会讲“我何德何能”，那都是虚的、假的。他应该在心里想我何德何能，我是生逢其时，我是得到了机会，不是我有本事，所以我现在有钱了，我要赶快提升我的能力才对。这样这个人的生活技能才能高人一等。

我有钱了，你有没有？然后声音就大了。说难听一点儿，就跟暴发户一样，到处惹人不高兴。我们一定要记住，每一个人这辈子都是有起伏的，你下去的时候，你的遭遇就是你在没有下去时所种下的因。讲到这里我一定要说明，因果也是一种生活技能。因果绝对不是迷信，它是科学。

有的人，没有地位的时候，什么不好的事情都没做过，可一旦有了地位，就开始做不好的事情了。我们看过太多类似的案例，地位一提高，就开始觉得自己好像高人一等了。

中国有句俗话：德不配位，必有祸殃。一个人的地位越高，财富越多，对自己的品德修养和个人素质的要求就应该越高，这一方面需要良好的家教，一方面也需要自己的不断修炼。

大家知道全世界对中国人最大的希望是什么吗？就是当中国富有以后，他们希望中国人能够用心提升自己的素质，因为他们都很欢迎中国人。中国人有钱，他们当然欢迎，但是来了以后却让他们很头痛。中国人如果到哪里，哪里都是乱七八糟的话，怎么能得到人家的好感？这算不算生活技能呢？当然算生活技能。

中国人是见机行事。比如我们到国外，人家排队我们一定跟着排队，所以我常常问很多人你懂不懂排队，他说我当然懂，我问他那你为什么不排队，他说只要大家排我一定排。就这句话而已。大家排我一定排，你叫我一个人排，吃亏，我就不干了。怕吃亏，喜欢占小便宜，我们的根本就在这里。所以，我们从小就要让孩子记住，只要你不想占小便宜，你就不会吃亏。所有被骗的人都是喜欢占小便宜的，不然怎么会被骗呢？

有一次，我到某个地方办事，路上遇到一个人拿着一个钱包叫我，说这个钱包是我掉的。我一看那根本不是我的，就说那不是我的，就走了。过了一会儿又来了一个人，也拿着一个钱包，说这个钱包是我掉的，钱包里面有美元、港币、人民币，我还说那不是我的，就走了。我回去跟朋友说起这件事，朋友说幸好你没有认，如果你说是，那就上当了。所以，吃亏上当只有一个原因，就是喜欢占小便宜。

生活技能是非常根本的东西，但是基本条件是父母自己要懂。有的父母让孩子练钢琴，说要去练这个技艺。这根本不是生活技能。我一辈子都不会弹钢琴又怎么样？可是，我到哪里都要拿筷子，人家一看我拿筷子就知道我的家教怎么样。其实，如果再深一步讲，你看一个女孩子怎样拿筷子，就知道她将来会嫁到哪里去。

我们就是因为把我们的宝贝都当作迷信，最后才会失掉太多的东西。生活技能是我们每天生活中都要用到的，我们必须要自给自足。拥有生活技能，我们不需要人家帮助就能活下去。中国人是全世界最有这个本事的人。把中国人丢到全世界任何一个地方，我们都能活下来。可现在有些人到美国待了一年，回国后就这个不习惯，那个不适应，连吃饭都开始用刀叉了，这是非常糟糕的。

生活技能尽量不要借助外面的东西。老实讲，我们中国人多，你如果经营实业，就要照顾更多的人。你招一个工人来，就相当于养活了一个家庭。你现在把所有人都辞掉，搞几个机器人，就算赚再多的钱，能心安吗？我常常跟一些老板开玩笑，我说你再有钱，都是机器人干活，你这个老板当得有什么神气？你最起码找几个人来，就算生气也可以骂嘛。否则，面对这帮机器人，怎么骂？这叫生活技能。不要把职业技能当成生活技能。

捌

家风中对祖先的态度

祖先和子孙具于你一身

全天底下的中国人，几乎没有不拜祖宗的。你去问那些天主教徒：你拜天主，那你拜不拜祖宗？他会告诉你：当然不拜。天主教徒是不可以拜祭祖宗的。外国人认为：除了上帝以外，不能拜任何东西，否则就是偶像。

中国人从来不拜偶像，我们只拜三种对象：第一个是天地。天地是偶像吗？不是。第二个是祖宗。祖宗怎么会是偶像呢？第三个是圣贤。圣贤都是人，哪里有偶像？

大家可能会问我：祖先在哪里？祖先就在你身上。这话怎么讲呢？怎么祖先会在你身上呢？想想看你的父母在哪里？你的父母就在你的肠胃这里。如果从小没有父母，你根本没有东西吃。人不是动物，有些动物一生下来，好像就能够自谋生路了。可如果你小时候没有父母，你这个肠胃就不得饱，也根本就长不大。那祖父呢？祖父在你心里。你心里所想的道理，几乎都是从祖父那里听到的。祖父最能把家中的传家之宝——品德传给子孙。

良好的家风就是这样一代代传承下来的。开山立业之祖，离我们好像很遥远，好像在天上一样。那你的子孙在哪里？说起来也不是笑话，你的子孙就在你的腹部大腿之间。你没有腹部和大腿那一部分，你能生小孩吗？然后孙子再往下，曾孙再往下，一代代地往下繁衍。这就是说，不管你的祖先，还是你的子孙，都具于你之一身。

对于祖先来说，你是他们的延续；对于子孙来说，你是他们之所由来。

我们与祖先是精神互动

相比于世界上任何一个民族，我们中华民族多了一条导引线。现在我们很需要导引线。车行天下，没有卫星定位，我们很难判断哪条路顺畅，哪条路拥堵。一句话，没有卫星定位，就很难畅行无阻。中华民族始终有一条导引线，这条导引线是外国人没有的。我们相信祖先最爱护我们，当然祖先不爱护自己的子孙，还爱护谁呢？我们相信有很多事情是不方便去问别人的，但可以问祖先嘛。

那大家会有疑问：祖先在哪里呀？祖先要不要吃饭？祖先要不要穿衣服？谁都不知道。束发结辫的祖先会不会看到我们现在剪了辫子而感到好奇？是不是我们应该赶快做一个辫子烧给他们？

我们不会做这些事情。我们跟祖先互动，完全是精神方面的感应，而不是物质方面的交往。对于我们来说，祖先作为活生生的人的形象并不具体。如果他望着你，就算你不会怕，你也可能会把他吓坏的。所以古人告诉我们：鬼吓不死人，只有人才会吓死人。因为鬼没有形体，孔子讲得最清楚了。

在你拜祭祖先的时候，就当作祖先在你面前。如果面前没有祖先，心中没有祖先，你祭他干什么？拜他干什么？哪一天你到孔庙去拜孔子，如果心中没有孔子，你拜他干什么？那是个石头雕的，是铜做的，是木头雕的，是泥巴糊的，你拜他干什么？你心中有他，他就有感应；你心中没有他，他就跟你没有感应。所以，为什么只能拜自己的祖先，不能拜别人的祖先？拜别人的祖先，那你的动机就非常可疑。你是想巴结他？你看中了他们家的财产？你到底想什么？这样就很清楚。我们很多不方便跟别人讲的事情，可以跟祖先交流。

其实，你可以自己跟自己对谈。孔子讲得很清楚：我们跟祖先纯粹是一种感应，没有其他的来往。你也不要相信那些邪说：我那天梦见你祖先了，他说他很冷，要你烧点衣服给他；他让我告诉你他很穷，需要钱。这些都是骗人的论调，不要相信这个，没有这回事。这不就是迷信吗？你要听这些乱七八糟的话，那就叫迷信。

只有祖先活在你的心中，你才可能活在你子子孙孙的心中。我想我已经透露了很重大的秘密。人要永生，只有活在子孙的心中，别无他途。你看汉武帝、秦始皇，用他们最大的威势，想尽办法使自己永生，但谁做到了？还不是随着时间化作了一具具冢中枯骨。到今天为止，科学再怎么发达，人不可能不死，这是事实，可是我们很不情愿去面对，为什么我们就不能活一百岁？为什么我们不能活一千岁？所以我们被迫对着他们歌功颂德，大喊着：

千岁千岁千千岁，万岁万岁万万岁。可是喊了半天他还是死了。你看历史上被喊万岁的人，都死了。证明永生是不可能的。谁都非死不可。

老实讲，人会死，是上天对人类无比的恩德。为什么？因为你这个臭皮囊已经用了七八十年，竟然还好好的，身体硬朗着，这已经很不错了。但是，再硬朗的身体，随着时间的流逝皮肤也会变得松弛，骨质也会变得疏松。老天让你及时复归尘土，不再受无情岁月的折磨，这不是对你的爱护吗？你还有什么好留恋的呢？

人会死，是上天对人类无比的恩德。

祭祀和孝祀

一个人死了，如果没有子孙祭祀他，他就真的死了；如果子孙每年清明、春节的时候还记得他，祭祀他，那他就活着。他活在哪里？就活在他们家子孙的心中。这是外国人很难想象的，也是他们无法理解的。中国人想得永生有三种方法：立功、立德、立言。你说这个要求太高了，你要我一辈子立功立德立言，我做不到。那我做些什么？生养抚育子孙，让他们记住我。这是最实际的途径。

我们知道，祭祀从殡葬里来。但殡葬又从哪里来呢？它是从我们人的一个自然的本性——恻隐之心来的。大家想象从前，想象远古的时代，部族中的人死了怎么办？随便丢到郊外。不然你能怎么办？你看动物都这样，那人还能怎么样。所以人死了，就直接丢到郊外。有些民族更残忍，人老了就把他推到郊外，根本不会等到他死亡。我现在问大家：你忍心这样做吗？把家里的老人推出去，冰天雪地，不是被冻死，就是被动物拖走吃掉，这是有历史记载的。当初的确是这样，不然怎么办？后来觉得这样做不对，不忍心。毕竟老人也是人，不是动物。所以我们就等他死了以后再把他丢到郊外去。丢出去以后，可能有一天你又经过那个地方，一看，哎呀那是谁？那是你的亲人。怎么能被野狼啃成那个样子？上面还有苍蝇飞，咀虫爬，你忍心这样看下去吗？你心里不难过吗？所以，你赶快回家带上工具，选一处比较好的地方，挖个坑把他埋起来。这就形成了殡葬。

殡葬慢慢地演化出一套仪式，然后就开始建坟墓，就开始看风水，就开始算故人的忌日，来祭拜他。人是有恻隐之心的，不忍心看到自己的父母死后，还要遭受那么不堪的待遇。所以，亲人往生的时候，要把他埋起来，否则你的心就不安。

孔子只问人家，你心安不安？没有说你应不应该这样做。因为这个应该不应该跟心安与否还差一阶。对于别人的事，你要问问应该不应该；对自己家的事情，你应该问问自己心安不安。这个是有点区别的。把亲人安葬以后，就要定期扫墓。比如我们的祭祖节日——清明节。为什么叫清明节呢？很简单，就是告诉我们：人只有死了以后，才可能清明。只要你活着，就不可能清明。任何名字都有它的意义，不是随便给起的，哪里有随便起的？现在随便给个名字，那还得了！

现在有些人给小孩子起名字，又是看八字，又是测未来。甚至随便从字典中选择一个生僻字给孩子命名。这不是太过随便了吗？起名字的时候，你要慎重，要把握这个人的整个环境，在这个基础上，给他一个恰如其分的名，这个才叫作正名。我们都是讲道理的，不是讲迷信。但是现在大家不懂得道理，也不会讲道理，就开始搞迷信玩花样，然后骗钱骗人，这是很不好的现象。那就叫偏道，非正道。我在我父亲往生之前，就和他讨论过：往生之后，你选择，一年之内的什么时候，我们子孙来祭祀你？我们尊重你的选择。我父亲说：一年三次就够了。然后我们就说：三次不行，四次吧，最少四次。他说好，哪一天哪一天，我们就记下来，尊重他的愿望。这是尊重他的遗嘱。这样，也避免了跟其他节日相冲突。

这就叫作家规，这就叫作家风，这才是真正的家传。然后把这种良好的家风世世代代传下去。什么叫祖宗？祖宗就是代表阳性。凡是祖都是阳的，宗也是阳性的，但这并不是说祭祀的时候，我们只拜爸爸，不拜妈妈。没有这回事。因为只有爸爸，没有妈妈，照样没有你。很多事情一句话就讲完了。祭祀重在虔诚，重在恭敬，而不在丰盛。你搞很多隆重的祭祀典礼实在没用。这不是讲排场的时候。

有了祭祀以后，我们开始有孝祀。孝祀就是到了特殊的某一天，你会把你家里面的人集合在祖宗的牌位面前，要上香，要供奉祭品，然后你对子孙们讲讲伟大祖先的荣耀往事，同时告诫子孙，不要因为自己的不当言行而辱没了祖先，更不要使祖先受到侮辱。这是你们一辈子的责任。

我们经常听到一句话：不是一家人，不进一家门。家有一个家门，你进了家门，就要按照这个家的家规来做事，你不能乱来。

这叫什么？叫伦理。中国人，家的概念是很大的，甚至整个宗族都是一家人。

我们每次读《大学》，里面说：家齐而后国治。我们真的很怀疑，把一个家治好了，你就有本事治国？太夸张了吧。其实我们知道，经典里面所讲的家，不是现在的小家庭，而是家族。你能够把整个家族的事情都治理好，当然有本事治国。可是现在我们讲到家，就想到现在的小家庭，这是不正确的。以前，中国三代同堂、四代同堂、五代同堂，都是很常见的。五代同堂以后，你这个家长就非常难做。

所以，为什么中国的一大奇书《红楼梦》到现在为止没有一个外国人看得懂？外国人看《三国演义》看得很勉强，看《水浒传》似懂非懂。但是看到《红楼梦》，他们完全看不懂。老问这个人是谁，那个人是谁。因为书中人物众多，他根本记不住。后来我们花了一点时间，总算让老外看懂了。老外讲了一句话，我觉得很对。他说只要把这么大的家族拆散了，也就是分家，《红楼梦》就没有了。真的，《红楼梦》里的四大门阀如果变成小家庭，所有错综复杂的关系就都没有了。

我年轻的时候不懂事，老是批评自己的祖先，一直等到我 40 岁以后，懂了一些《易经》的道理，才慢慢地理解祖先，理解中国人的家庭安排。当年赵飞燕的妹妹赵合德就是和赵飞燕一起嫁给皇帝的，她们两个互相照顾，如果不是这样，怎么能够应付宫廷里面残酷的争斗？不要用西方的眼光、观点、立场来看中国的文化，我们祖先考虑的绝对比他们长远，绝对比他们周全，而且我们有深厚的意义。

祭祀是什么？祭祀就是说，你不忘根本，如此而已。你看皇帝敢不祭祀吗？那时候没有汽车，没有飞机，也没有通信器材，皇帝都要一步一步地登泰山，去祭祀天地。为什么？他就是要告诉所有百姓，他是崇尚孝道的。他所有的事情都要谢天谢地，会秉持天地良心来照顾百姓。可是后来，每年到泰山祭祀太过劳民伤财了，所以就在京城修建了一座天坛。很多人只知道有天坛，却不知道天坛是干什么用的。天坛就是北京的泰山。

皇帝有他的宗庙，难道我们百姓就不可以有宗庙吗？所以，我们中国人，不管跑到全世界什么地方，肩膀上扛着的永远是祖宗的牌位。什么都不带，只带祖宗牌位，到美国把牌位挂起来，到日本把牌位挂起来，到欧洲把牌位挂起来，就是叫子孙不要忘记，这是我们的祖先。你要拜上帝那是你自己的事，但是拜祖先是我们全家的事。这就是我们的传统。但是传统这两个字已经被扭曲、被诬蔑化了。现在有些人一听到传统就皱眉头，因为他们认为传统是代表已经不好的东西、已经过去的东西，这是非常错误的。

那我们只好讲道统了，不然怎么办呢？我们的道统不能灭。道统一灭，中华文化就不见了。中华文化不见了，中华民族就没了。

其实就是这么简单几句话。

我们在祭拜祖宗的时候，要很严肃，不能开玩笑。要把自己的子女召集起来，告诉他们什么叫祭，用意在哪里。我祭拜父母的时候，虽然这么大年龄了，也会先三跪九叩。我不管我的子孙有什么想法。他们要不要这么做是他们的事，我怎么做是我自己的事。我为什么要这么做？因为我这一生的所有，都是受父母所赐。没有父母，我什么都没有。如果不三跪九叩，能代表我的诚意吗？

说实话，男子汉大丈夫是不能随便下跪的。但是你见了父母，尤其是父母往生了，如果你还舍不得跪拜，我不晓得你在想什么？你要以身作则，做榜样给你的子孙看。

我们要让子子孙孙都记得，没有祖先就没有父母。没有父母就没有你。你有天大的本事，就是没有你。这个道理太简单了。所以，你怎么去跟父母讨价还价？有什么好讨价还价的？父母是我们的根，天地是我们的本。我们所有的事情，离开天地，离开父母，都无从谈起。因此，我们就知道了，修德就要从孝开始。

什么叫作孝？内容其实很多。不是我们脑海里面想当然的那样。一本《孝经》，把从自己的修身，一直到治国平天下，统统写得很清楚。用孝来治国，叫作孝治。你现在同样可以以孝来治公司。我自己做给你看，你们要跟我学。只要你对父母孝敬，我就相信。要不然我们怎么相信你？只要你对父母孝敬，你讲的话我就仔细听。因为你不会害我嘛。这样大家才能够了解，为什么中国人的小孩做错事情，我们就骂他的父母？这不是没有道理的。

小孩做错了我们不会骂小孩，而是骂他父母，所以父母只能好好教小孩，这是父母的责任。如果小孩不孝，我们才骂小孩，你不孝敬父母什么都免谈，什么都没有你的份，谁都看不起你。这才是真正的孝的精神。

真正的孝道，其力量非常强大。以前我们对此有很多误解。这次，我们不是盲目地弘扬道统，而是要把中华文化原原本本地、正本清源地弘扬起来。否则又像以前那样乱七八糟，实在是不好，而且非常不好。从现在开始，我们要把真正的孝道发扬出来。所以，我们一定要问问自己，孝一定要等到父母往生后才孝吗？因为孝从祭祀来啊。那既然如此，我现在想办法把父母气死，然后再来尽孝道。那是开玩笑。

孝一定要从父母生前就开始，而不是等到往生后。祭祀是不得已的，人走了，我没有办法。这就叫“树欲静而风不止，子欲孝而亲不在”。所以有些人常常后悔，我早不了解这个道理，我应该趁我父母还在的时候，让他们感觉到，有我这个小孩是很安慰、很有面子的，他们可以往生得很安心，没有后顾之忧。

所以我们讲：行孝一定要及时，不要做让自己永远后悔的事。

祭如在：你要亲自在那里

中国人拜天地、拜祖宗、拜圣贤，这完全是一种不忘本的精神，因为天地是根，父母是本，没有圣贤就没有中华文化的延续。

祭祀有宗庙的祭，那是属于国家的。我们现在也在祭烈士，他们为国为民牺牲，当然要祭。我们祭屈原，因为他很了不起，让我们永远怀念他。我们祭祖宗，在家里面祭。祭天祭地是每个人共同的，祭祖宗却是每个家庭不同的。但是我们要记住，孔子有一句话，叫作“祭如在”，这个“在”就是说，你要亲自在那里，不能打个电话说我不能回来，你们替我祭拜一下，那是没有用的。并且要祖先也在那里，双方都在。

你可能会觉得这怎么可能。所以，我们就很佩服孔子，他用了一个“如”字，“如”就是好像，这就很清楚地告诉我们，只要你心中有他的存在，他就存在；你心中没有他的存在，他就不存在。这个是没有办法用科学证明的，也不是客观的，前面我们提到过，这叫感应。所以，我们中国人谈鬼神，不必去讨论他穿不穿衣服，不必去讨论他花不花钱，花什么钱，花多少钱，都不必。我们只讨论你与他有没有感应。如果没有感应，那就表示你的诚心不够。

当你诚心够的时候，自然感应得到，有三个字大家都非常熟悉，叫“诚则灵”。只不过大多数人都是嘴巴上会讲，其实根本不知道诚是什么。上不欺天——上不要欺骗天，下不欺己——下不要欺骗自己，中间不要欺骗大家。按上中下的顺序，就叫上不欺天，中不欺人，下不欺己。你不要骗自己，诚不诚你最清楚。而且，你知天就知，你知别人就知。你拿着香还跟人家聊天，你在那儿拜，心里却想着自己的股票会不会涨，你以为别人不知道？当然知道。我们中华民族是一个没有秘密的民族，你不要想骗任何人，因为我们的感应力是非常强的。我们中国人从小就必须要高度警觉，否则你随时会犯错，随时会挨骂，这是我们教育成功的地方。

现在很多人看不懂，认为像西方人那样多自由。当然自由，自由到最后人与人之间都没有感应了，叫作什么？叫作人际疏离。人际疏离是很可怕的。现在我们因为有了手机，所以满脑子都想着远方的人，旁边的人连理都不理，这就叫人际疏离。以前不会，以前我们远亲还不如近邻呢。

你心中惦念着一个人，他就好像存在一样；若你心中没有这个人的一点点位置，即使这个人就在你眼前，他也是不存在的。这有点儿把人又贬回到动物的意思。就好像牛在那里，牛眼睛只能看到跟它有关的东西，跟它无关的，牛就认为它们是完全不存在的。那人又变回动物了，这还得了？人是灵光。灵光，就是四方八面你都很清楚。

有一次，我跟一位眼睛失明的朋友一起吃饭，他坐在我旁边，我就很不好意思地问他：“我冒昧地问你一个问题可以吗？”他说：“你问。”我说：“你的眼睛好像看不太清楚，这样会不会不太方便？”我还是很有礼貌的，我不能说他是瞎子。他问：“你有几只眼睛？”我当时觉得这个人很奇怪。我说：“两只。”他说：“你只有两只眼睛，你看得再清楚，也只看到那么一点点，后面的你都看不见。我这两只眼睛虽然看不见，但是我全身都是眼睛。”我当时就觉得，他真是高明。一个人有两只眼睛，就完全相信这两只眼睛了，所以你看不见的，你就欺骗自己，认为那是不存在的。你看不到别人，你就欺骗自己，别人都不知道，那就糟糕了。这位朋友眼睛看不见，他却知道，天知、地知、人知、我知，没有人骗得了。从某一个角度来说，他这样反而更好。

所以，我们从这个里面，又推出什么叫诚——外不欺神，内不欺心。神是四方八面都有的。神是什么？神就是我们心中想念的人或事。你想到什么，什么就会出现。为什么？因为你跟它有感应。

虽然那个人在美国，可是你想到他的时候，他就好像在你身边一样。其实这种心灵感应，现代科学是可以慢慢证明的。你在这里，甚至把眼睛都蒙起来，就想象你美国纽约的兄弟在那边做什么，然后写下来，因为写下来才有证据。之后让别人打电话去问他在干什么，结果发现他说的跟你写的一模一样。这是完全可以做到的。心灵感应是可以学习，可以练习的，那个力量是无穷的。我们现在只相信有限的东西，还满口都是潜力。潜力就是无限的东西，诚也是无限的。

所以，你要拜孔子，其实也不必走到他跟前去。你走到跟前，跟他没有感应也是白搭。你就坐在家里，想想孔子讲的一些话，你跟他就有感应了。你心中有孔子，孔子跟你就有感应；你心中有父母，父母跟你就有感应；你心中有天地，天地跟你就有感应。这就叫祭祀。

大家不要把祭祀看成是宗教，它跟宗教一点儿关系都没有，我们只是纯粹地感谢我们的祖先。没有祖先就没有我们，没有圣贤就没有我们中华文化，天地、祖先、圣贤都没有了，我们也就不见了。就凭这一点，我们就应该把它好好地传承下去。

因此，每年清明节，你要把全家人集合起来。为什么叫清明？因为人活着有七情六欲，受到外界的诱惑，不清不明。做人就是不清不明的，不清就是脑袋糊涂，不明就是眼睛模糊。清明节那天你去祭拜祖先，你就清明了，因为你跟祖先连线了。所以我们要提醒自己，要去扫墓，而且一定要带下一代去，不然你去也是白去。大家现在去看，扫墓的多半是上了年纪的人。年轻人都忙，就算去了也是待在那里，根本就与祭拜的对象没有关联，那去了干吗？祭如在，就是要双方都在，有一方不在都不行。

我们中国人是这样：“事死如事生”，父母已经往生了，我们还把他们当作活着一样看待；“事亡如事存”，父母已经往生了，我们还当作他们存在一样，心中还跟他们有感应。这是大孝。

这样大家就知道，我们那条导引线，是全世界独一无二的，而且非常灵光。外国人都笑我们，说我们去到哪里，都抱着一个完全没有用的祖宗牌位。其实他们不了解，我们的祖宗牌位，就好像他们的十字架一样。他们时常对着十字架做祈祷，是因为他们心中有上帝；我们把祖宗牌位放到我们居住的地方，是因为它在，我们的心就安了，我的子孙后代就知道，我们是有根的。大家可以看到，现在宗祠又修起来了，宗祠一修起来，姓氏的来源就清楚了，一代一代就知道自己的辈分了，这样就会有伦理，大家就会守分，然后自然而然就会规矩起来，这就叫家风。

不要数典忘祖

所以，中国人最痛恨什么人？第一种就是那种数典忘祖的人。你连祖先都不认，那你有钱，你有势，你有一大堆人有什么用？中国人最讨厌的就是不认祖宗的人。第二种是什么？欺师灭祖。当然，现在数典忘祖的人比较少，因为他不敢。但是欺师灭祖的人越来越多。

比如有的人，去过几次欧洲，看到人家法国人在街道上喝茶、吃面包，很快乐。所以回到上海，就拿下一块地，把它改造成欧洲街道的模样，然后试图改变上海人的生活方式，让他们坐在街头吃东西。以前上海人是不会轻易坐在街头吃东西的。他不知道，其实他的这种行为，就是欺师灭祖。

我们中国人从来不去侵略别人，但是外国人对我们却怕得要命。我前不久去马来西亚，到马六甲去看郑和纪念馆，当时很多欧洲人在那里，欧洲人看到我们中国人，就很客气地过来打招呼，他们就问了一个问题，那个问题我听起来感觉非常奇怪。他们说：“郑和真的到过马六甲吗？”奇怪吧？我就跟他们说：“这个纪念馆是马来西亚人建造的，不是我们中国建造的。你们为什么会问这个问题呢？”他们说：“你别管，你就回答我这个问题。郑和是不是中国人？”我说：“对。”“他真的来过马六甲？”我说：“对。”对方还是摇头，说：“我不相信。”我问：“你为什么不相信？”他说：“如果你们那么早就来过这里，为什么不把马来西亚当作你们的殖民地呢？”我当时听了就觉得很好笑，我说：“我们中国人从来没有把别人的领土当作殖民地的观念，只有你们才有。英国在世界各地都有殖民地，最后却一场空，什么都没得到。我们中国人早就明白这个道理，你强行去占领人家的土地，有用吗？没有用，一点儿用处都没有，最后只能是白忙一场。”他们听完就不吭气了。但是我看他们的样子还是不相信。可见，教育是非常重要的，教育就是洗脑，从小就给他们灌输殖民地的观念，这种观念就根深蒂固了。

我们中国自古以来就爱帮助别人，你缺什么东西，没关系，我提供给你；你对我友好，我对你更好。我们现在依然如此，我们很乐意去帮助那些发展中国家，虽然我们自己也是发展中国家，不过同样是发展中国家，我比你稍微好一点儿，我就开始帮助你。西方人就觉得很奇怪，你帮助别人是真的还是假的？

这个也是我们必须要让西方人真正去了解的地方。我们最讨厌的就是欺负弱小。比如，我们讲“好男不跟女斗”，这句话其实不是歧视女性，而是保护女性。男人总是粗犷一点儿，力气大一点儿，如果没有这句话，男人看到女人就打的话，女人一定倒霉。所以我们自古就说“好男不跟女斗”，男人再有道理也不能打女人，欺负弱小那是羞耻。所以，老祖宗告诉我们的这些道理，我们一定不能忘。

玖

终极问题：人活着为了什么

人生的最终目的：求得好死

人生有许多关需要过，如果说金钱观是人生的第一关，生死观就是人生中最重要的一关，因为生死观决定着一个人的一生将会怎样度过。所以家风中的一个重要课题，就是教育孩子明白，人生的目的是什么？

全世界的人都感觉到，人的寿命实在是太短了，因此死得都很不甘心：我还有一大堆事情没有完成呢，我只生了一个孩子，等等，讲了一大堆理由，于是就转而要求永生，我要永远生，不死。但是到现在为止，没有一个人做得到。因为人有生必有死，不可能永生。所以早点儿断掉这个想法比较合适。

既然不能永生，人们就开始想，人活着到底是为了什么呢？全世界的人都在讨论，人活着为了什么，生命的目的是什么。关于这个问题有很多答案，比如：有人说，人生以快乐为目的，要不然搞到最后才发现，连什么是快乐都不知道；也有人说，人生以服务为目的，这个听起来好像有点儿喊口号的嫌疑。

所以，看完全世界的答案，大家就不得不佩服我们的老祖宗了，他们给了我们非常简单的答案，人生的目的只有四个字：求得好死。这样我们才知道，为什么说中国人骂人最难听，因为我们经常骂人家“不得好死”。一个人只要不得好死，就什么都没有了。人最怕的就是不得好死，人最想要的就是得好死。

当一个人功成名就的时候，他更担心这一点，因为所有人都在看他最后是得好死，还是不得好死。好死就证明，他的所作所为都是“正象”的，都是正能量的表象；如果不得好死，就表示他的所作所为里面虚假的东西太多，要不然怎么会不得好死呢？这才是人生中最后的硬碰硬，一翻两瞪眼的一个关卡，谁都躲不掉。西方人把它叫作最后的审判。其实，我们中国人心里都有数，这是最后在算自己的账。因为人生不过四个字而已：自作自受。

有些人说中国人依赖性很强，不能独立。我真不知道他们在讲什么，中国人一切都是靠自己的。命是我造的，我怨谁？不明白这一点，你永远读不通孔子的话——“不怨天，不尤人”。你自己造的命，你怪谁？你自己走的路，走错了方向，上了高速公路，方向搞错了，跑得越快越倒霉。这怪谁呢？只能怪自己。

中华民族才是少数的必须要自己负起全部责任的民族，这样大家就能完全了解中华文化了。“不怨天”：天不管你；“不尤人”：别人才不理你，你自作自受，必须为自己所有的言行负全部的责任，推托没有用，别人不会替你分担。在这种文化背景下，我们家风里面有一个很重要的东西，就是要让每一个来到我们这个家庭的人，都清清楚楚地知道，怎么样才能够得好死，可惜这方面的东西基本没有传下来。

过去的中国人，任何事情只要把问题提出来，一定有化解之道，如果没有化解之道，暂时是不会提出来的。现在的人不是这样，现在的人这个不对，那个不对，问该怎么办，却说自己也不知道，这就是不负责任的表现。如果没有化解之道，你就不要提出来让大家痛苦。比如，如果我不知道空气污染的事，我会很舒服。可是你告诉我空气污染的危害后，我问你该怎么办，你又说不知道，我心里就会很不舒服。你不知道就不要说。可是，我们现在都受西方的影响，说大家都有知情权。其实你所谓的知情权，就是想赚钱，还美其名曰知识经济。

中国人是有良心的，当我知道这个问题目前没有办法化解的时候，我暂时就不会提它。不提它并不表示我不重视，而是我要加紧脚步去找化解之道，等到有化解问题的办法之后，再告诉你：这样是不对的，我把方法告诉你，你很快就可以化解。这才叫作负责任。要不然会搞得大家人心惶惶。现在都是这样，这个不对，那个不对，搞得每个人都不知道如何是好，那社会会安宁吗？整天批评，完全没有建树。但是我告诉你，传播界最想要的就是这种人，叫作“唯恐天下不乱”。他们几个人一坐好，就好像天下变成他们几个人在决定，这样好吗？我不知道。最起码我们的家人不要做这种事情。

好死是一种心理状态

我们要求得好死，轩辕黄帝给我们开过一个处方。这个处方其实我们也都知道，只是把它当作书在念，就是我在前面讲过的那四个字：道政合一。你凭良心为人民服务，心中就没有愧疚，到时候就能得好死。

那么，什么叫“好死”？好死不是不生病而死，那是不可能的，人吃五谷得百病，很正常。好死跟得不得病没有关系。病死也是好死，穷死也是好死，为国捐躯、战死沙场更是好死，要不然大家祭拜他们干什么？要得好死是指人的心理状态，死得心安理得才叫好死。看他的样子就知道他死的时候没有什么话说，眼睛闭起来，很安详地走了，好死；死不瞑目，眼睛睁得老大，那会是好死吗？当然不是。为什么？他心里想，我马上要死了，我该怎么面对祖宗？我以前不知道，现在我知道了，但来不及改过了，死得心不安、理不得。所以，很多人会在往生的人脸上盖一块布，就是知道他要去见祖先了，会很难堪，我们不要使他太难堪了，就拿一块布盖在他脸上。

历史上最典型的案例就是伍子胥。伍子胥临死前说，他并不会为了将死而难过，他只是没有脸见他的祖先。人活的时间长短其实与是否好死没有关系，有的人活三四十岁，可他已经有很大的成就了，走了也就走了，心安理得；但是有的人，他心里老有挂碍，老觉得自己做错了很多事情，到现在都没有补救，所以心里很不安。

我年轻的时候不懂事。我一个同班同学比我先到美国去读书，在美国，他总是给我写信，让我给他寄这个、寄那个，当时我给他寄了，可是我心里很纳闷儿，你到美国，比我神气，比我有办法，应该寄东西给我，怎么老让我寄东西给你呢？所以后来，我就慢慢地不理他了。可是等我到了美国以后才知道，我完全误会人家了。到美国更苦，哪里有时间去逛街？哪里有钱去买东西？在那里比在家里还穷。于是，我就完全理解我的那位同学了，而且觉得很对不起他。但是很奇怪，我跟他始终没有机缘再见面，所以心里一直放不下这个事情。幸好几年前，他从美国回来了，我见到他，第一句话就说："我对不起你！我当初不了解你的状况，所以我曾经怪过你。"然后我就心安理得了。我很感谢，我还能有这个机会，能有这个好的机缘做解释。我讲这个例子的意思是，人一生下来就要面对死亡，这是谁都跑不掉的，所以尽量不要让自己留有遗憾。

你怎么知道你能活多久？人生最具戏剧色彩的，就是我们都知道自己有一天会死，但是几乎没有人能够预测，自己什么时候会死，怎么死。因为老天就是让你测不准。有的人测出来，自己大概 62 岁就要往生了，所以他在 61 岁以前，就把所有欠别人的都还了，该道歉的也都道歉了，然后他心安理得了，结果他 62 岁的时候却没有死。生死由天不由人。你想死，老天偏不让你死，你都清光了，老天就叫你再活下去，看你怎么活。你觉得自己还年轻，怎么会死？结果就死了，要不然怎么会有白发人送黑发人呢？人不能控制自己的寿命，也无法知道自己什么时候会死，因此有的人就很担心，万一我天天做好事，突然间不知不觉做了件坏事，死了那不是很冤枉？

比如曾国藩，我们看他最后是怎么死的。曾国藩 62 岁那年，跟他的儿子一起，在家里的庭院中散步，走了一会儿，他忽然跟儿子讲，说自己的脚有点儿麻，让儿子扶他进去坐坐，于是儿子就扶他进去了，结果他一坐就走了。因此，大家对他的一生，就完全从另外一个角度去解释了。人必须要时时刻刻战战兢兢，就是因为你不知道自己什么时候会死。

因此，我们一家人一定要互相勉励，我们只有一条路可以走，就是把心胸放宽阔一点儿，不要老是计较，我们有机会服务，就尽量去服务，不要一天到晚在权利、义务上面打转，纠缠于此的人能够好死的不多。我们想着自己的责任就够了，该你做的，没有钱也要做，人家欠你的，你也不要讨。

这个说得容易，做起来很难，但总算是有个方法。这个方法就是《大学》里面提出的“三纲”，其实“三纲”就是一句话分三段而已，这句话大家都会背：“大学之道，在明明德，在亲民，在止于至善。”这就是全部的方法。

我们每一个人不要去管那么多：什么时候死，怎么死，你管也管不了，操心也没有用，预测也不灵。那怎么办？我就修身，明明德就是修身。人活在这个世界上，很容易就被污染了。老子最喜欢婴儿，就是因为婴儿完全没有被污染。可是当你长大后，越懂事就越受污染，学问越大越危险。所以，人要修自己。

要知道怎样保护自己

老子说："为学日益，为道日损。"这句话出自《道德经》第四十八章。为什么为学日益，而为道会日损呢？

人往往挡不住外界的诱惑，挡不住大量资讯的入侵，因为那些也是道的一部分。在这种情况之下，人必须要把握住自己。"为道日损"，就是说我们不要盲目地去吸收外面的东西，盲目地认为多多益善。看一本书，先看它的目录，如果这个目录不适合自己，那就丢掉，还看它干什么？有人说，不行，一定要看完，不然怎么知道它的好坏呢？这个办法是行不通的。

千万要记住，有很多的知识，我们把它叫作不知"道"的知识。而不知"道"的知识，会把我们跟"道"隔绝起来，这就叫隔阂，是我们认识道的阻碍。越有知识，越不知"道"，是需要人们时刻警惕的事情。否则学了半天，不仅害自己，也害别人，那有什么意思呢？自然法则是从来不会变的，但是自然法则的应用，却是千变万化的。像有些事情再过一百年、一千年，还是这样。

所以我们做学问的时候，千万不要认为时代不同了，现在的想法不应该像以前那样了，以前的都过时了，现在要求新求变了，这种态度是要不得的。我们一定要把道当作一个不可变的根本。这样的话，我们就知道，求学只有一个目的，叫作实。我们先天已有的道要保持住，而不是学很多乱七八糟的东西，把自己和道阻隔起来。

“为学日益”，就是为了增加自己的智能而学习。但是智能增加了，接下来就有了后遗症，就有事了。因为随着智能的增加，人的欲望和心机也增加了。而我们要知道，这种欲望的增加、心机的增加，最后会使自己更加烦恼、更加苦痛。“为道日损”，是告诉我们为道的时候，要把自己后天学的一些东西赶快丢掉，减少自己的忧愁和烦恼。这才叫爱护自己，才叫修道。我不是不懂，但是我不做可以吧？我不是不能要，但是我不要可以吧？这就是在保护自己，让自己得好死，因为只有这个才是最难得的。

过自主的生活

我们为什么要“明明德”？为了要亲民。我们为什么要“止于至善”？为了要亲民。所以，“三纲”其实是一个东西，就是亲民而已。什么叫亲民？亲民就是为大家服务，就是让跟你在一起的人，都觉得跟你在一起还不错，他们没有被你侵略，被你陷害。人最怕的就是每个人看到你，都说这个家伙我千万不要靠近，一靠近，我一定倒霉，那这个人就完了，这种人就是有能力，但没本事。我们要的是有能力还有本事的人，就是能够亲民的人，亲民就是受大家欢迎，能够为大家服务。

大家想想看，如果老子当年说我什么都不管，我这个不管，那个不管，我自己好就行了，那肯定没有人把他奉为圣贤。人一定要有所作为，同时也要顺从天理，这才是老子的思想。老子提倡“无为”，但这里的“无为”不是说什么都不做，跟木头人一样。

“无为”出自《道德经》第三十七章：“道常无为而无不为。”道的作用，就是无为。但是它的效果，是无不为，这样解释是对的。道，是很自然的。它并不是要针对某人、针对某事、针对某物而有所作为。可是，这种无为所产生的效果，却是无不为，这才妙。

有史以来，我们所看到的一切，都是这个样子。

比如太阳，从东方升起，在西方落下，这是我们司空见惯的，从来没有改变过。而且，我们知道，太阳光非常强烈的时候，中午就到了；太阳快要落下去时，夜晚就将来临。这都是“道”通过事物的各种现象，表现出的自然规律。所以，无为的“为”，跟违背的“违”是相通的。无为，真正的意思就是不违反自然。

道，顺应自然，好像无所作为，但是万物都因为这个无所作为的道而生生不息、千变万化，这不是无所不为吗？就是因为道不主宰，万物才能有变化。如果道尚主宰，每个人都没有自主的创造和花样，这岂不单调？人生还有什么乐趣可言呢？因此，我们必须再说清楚一点，宇宙万物都是由道所生，但是道没有主宰万物的意思。关于这一点，我们跟西方人有很大的不同。伏羲氏告诉我们，宇宙是没有主宰的，一切的一切都是自然孕育而成的。老子也说，道把你生出来，让你长大，让你有变化。但是，至于你要怎么走，它尊重你，任由你选择，并没有要主宰你的意思。

中国人所讲的老天，其实就是自然。自然，提供给人类自主性。所以，人应该过自主的生活。可是现在偏偏不是，人自己做不了主，然后就很慌张，一定要找一个东西来依靠。于是就找神来依靠，就找这个来依靠，找那个来依靠，这就产生了很多宗教。其实，这样做就相当于放弃了自主，而要过一种他主的生活。他主，就是找别人来替自己做主。一定要找一个主宰，才心安，像这样的人挺多的。当然，我们也不能怪他们。因为道始终跟着每一个人，而且道是很宽广的，它里头有很大的弹性，很多的选择。道给你自主，让你自己去选择，但是至于你要不要自主，它没有意见。

所以，我们在孩子小的时候就要告诉他，你是家里的一分子。作为一分子就要分担家务，至于哪一种家务，你自己选。孩子从小就要分担责任，你再小，做一件事总可以吧？玩具从哪里拿出来，玩完了就送回哪里，总可以吧？如果连这个都做不到，那就不要玩了。孩子大了以后就要分担比较繁杂的事情，越大越繁杂，这才合乎道理。从小就要让孩子知道，要吃饭就得工作，因为这是责任。在中国连和尚都是如此，不劳动就不得食。我们不是说我是和尚，你就得供养我，我们没有这种讲法。

所以很多事情，在真相不明的时候，不要乱去分辨是非。一定要很清楚，我们这一生应该怎样过。我们应该向大自然学习。大家想想看，草长出来干吗？就是要给牛羊吃的。所以牛羊吃草的时候，草并没有躲避，也没有抗议。草没有说，我用毒气把你毒死，因为你吃我，它没有，它心甘情愿地被牛羊吃，所以明年春天，它又长出来了。动物之间有一个食物链。现在我们已经非常清楚了，这本来就是一个生态，生态是个圈。

有些人说，人不能吃荤，要吃素。他们不明白，如果全世界的人都吃素的话，素是不够吃的，没有那么多素可以供应这么多人吃。我不反对任何事情，但是有个人劝我一定要吃素，不吃素就怎么怎么样，我就告诉他：“你能够吃素主要是因为我不吃素，如果我也吃素，就会把你那里一半的食物抢过来吃，那样你也吃不饱，我也吃不饱，你知道吗？”他愣在那里，觉得幸好有人吃荤，我们才能够专心地吃素，所以不要再说他们不对。但现在的人多半是，我是对的，你们都是错的，那合天理吗？出太阳是对的，下雨是错的，有这回事吗？根本不可能。

整部《大学》都在讲，我们要止，止什么？止于至善。止于至善就是大家都追求一个合理的标准。什么叫合理？

我们服务，不是像西方人所讲的，没有代价的服务，那个太高调了，谁都做不到。我们的服务是有代价的，就是为自己求得好死，这样大家才能读通《论语·宪问》里的那句话：“古之学者为己，今之学者为人。”这句话听起来好像是现在的人比较无私，以前的人很自私，其实不是。“古之学者为己”是说以前的人做学问，知道怎么样安身立命，怎么样明哲保身，怎么样使自己好死。凡事都是有代价的，我们不可能做没有代价的事情。不要讲得太好听，那不是止于至善，也不合理。

为什么要求我没有代价地服务别人？我服务，我很坦白地告诉你，我是为了我自己，因为我将来要求得好死，我要死得心安理得，你们要不要亏欠我，你们自己看着办。所以中国人为什么能够做到童叟无欺？就是我不占你便宜，我占你便宜我倒霉。在过去，小孩儿去买东西根本不必带钱，我知道你是谁家的小孩儿就行了，你要什么东西就拿，重一点儿的你告诉我，我叫人送过去，你妈妈会跟我结账的，过去的人能做到这个地步。现在的人做不到了。

很多人说，我们以前不管是道家也好，儒家也好，都太高调，太理想化，所以行不通。其实不是，是读书人没有尽到责任，没有读通。我可以这么保证，道、儒两家所讲的事情，只要你做，通通可以做得到。所以还是要反求诸己，是我们没有读通，我们没有决心，我们没有真正去实践，否则的话通通可以做得到，没有一样是不能实现的。因为我们没有像西方那样，将宇宙论、人生论、本体论分开，我们永远是知行合一的，你做不到，那是知得不够透彻。

过分与不及都是坏事情

我们在家里面，我建议是在饭桌上，吃完饭以后，大家不要马上离开，那是家庭教育最好的地方。一家人坐在一起就讲讲什么叫合理，不要很正面地去讲，而是用发生的事情去说，这样合理，那样不合理，灌输给孩子，让他从小就有一个合理度。时时刻刻都要合理。现在就是那个度没有掌握好，才会不得好死。要知道过分与不及都是坏事情。过分认真、太不认真都不得好死。过分认真一定害死别人。

比如，我认识一个主管，他醒着的时候，拼命发短信给他的员工，告诉他们要这样那样，然后他去睡觉了。而且他专门在早上4点钟的时候发短信给他的员工，看哪个起得最早，哪个最早回复他。我嘴上没有讲什么，但我心里知道他活不了多久。果然，三年以后他就得癌症了。人家睡觉你就让人家睡。现在我有权有势，我是大老板，我把手机发给你们，所有的话费公司出，我就有一个要求，24小时不准关机，那你算什么？给人家一点点钱，就要人家的命。这就是我们讲人生的目的的主要原因，你必须要想通这些事情，要止于至善，要知道过分就是不行。

有人问我，现在的孩子，要不要给他手机。答案是当然要给。但是有些事情你要跟他说明白，比如我们家给孩子手机时就告诉他，人家都有，我们不会让你没有，但是你有手机，不要让任何人知道，因为你这个手机，在两年之内只有一个用途，就是打电话给你妈妈，其他人都不能打。这样，他就很安全。他会用，但是不跟人家啰唆。他有事情，随时可以跟妈妈联系。有的家庭不是。家长说："我家的小孙子才几岁，手机玩得好得很。"这个长辈就是没有良心，将来他的孙子十几岁得脑瘤了找谁？哪一天他猝死了找谁？怨天尤人有用吗？没有用。

孩子既然生在我们家，我们又有这套祖宗留下来的法宝，就要好好传承。当然，不要那么小就告诉他，你要得好死，他根本听不懂。应该在家里闲谈的时候告诉他，人最后是会死的，但你不要怕死，更不能自杀。作为家长，要把这些话从小就告诉自己的孩子，这样他很快就了解了。现在什么都不讲，等他出事的时候才说，这是谁的责任？

好的家传不能断

人的一生，功名利禄全是天定的。我们所能控制的，就是不断地提升自己的品德，如此而已。

谁能证明这件事情？曾国藩。曾国藩活了62岁，他的一生，各方面的体验都很丰富。他可以说是官做得最大的。在清朝，有哪个汉人的权势比他还大？但他也是最倒霉的。他读《易经》，读到最后只有一个心得而已。他说人一生的功名利禄，全都是天注定。如果认为这一切的功名利禄都是靠自己打拼出来的，就是骗自己。一生的功名利禄全是天定的。你所能控制的，就是不断地提升自己的品德，如此而已。

其实我们可以换一种说法，用比较直白的话来讲：你的一生，老实讲，不努力是不行的，不奋斗是不行的。你一生的努力和奋斗，只是在做一件事情，就是看看老天最后能给你些什么。老天不给你，你再奋斗也没有用。你目标再远大，你再坚持，再有一班人跟着你，输就是输。你看历史上，刘邦能想到自己会赢吗？几乎没有多少希望，但他就是赢了。你看《三国演义》，曹操每一次带兵出战，都败得一塌糊涂。孙权带兵到长沙，几乎把命丢掉了。

刘备带那么多军队，最后被火烧连营，弄得他都没有脸回成都。

人的一生就是去证明自己的“分”，只有活得恰如其分，才能心安理得，死而无憾，这就叫价值观。我们一定要记住：好的家传不能断，为什么不能让它断呢？只有家传不断，才会赶上好时机。你一断，即使好时机来了，你也接不住。

风水是轮流转的，老天可能不公平，但是老天很公道。很多人现在听不懂什么叫公道，只会听公平。其实，公平是假的，公道是真的。遗憾的是，我们现在只知道用自己的话来讲西方人的思想，最后骗自己，害自己。